基于遥感大数据的输电通道碳汇估算技术应用

张　苏　刘海波　张济勇　等　著

黄河水利出版社

·郑州·

内 容 提 要

本书系统探讨了输电通道碳汇管理的关键科学问题与技术手段,分七章进行详细阐述。在回顾了国内外在多源遥感数据的输电通道要素分类、碳汇估算及植被碳汇恢复潜力预测等方面的研究进展的基础上,重点介绍了多源遥感数据的获取与预处理方法,深入分析了基于多源异构遥感数据的输电通道场景要素自动精细分类技术,研究了输电通道的碳汇估算方法,构建了基于植被三维重建与生物量外推的碳汇估算模型,探讨了输电通道植被碳汇恢复潜力的预测与优化方法,预测植被恢复潜力并提出优化策略,开发了面向工程建设的碳汇估算与恢复潜力优化软件原型,通过三维点云可视化交互界面与多模块设计,实现了全流程的碳汇管理。

本书可为从事电网工程规划、设计、巡检等工作的工程技术人员提供参考和借鉴。

图书在版编目(CIP)数据

基于遥感大数据的输电通道碳汇估算技术应用 / 张苏等著. -- 郑州 : 黄河水利出版社, 2024. 9. -- ISBN 978-7-5509-3984-4

Ⅰ. TM7; X511

中国国家版本馆 CIP 数据核字第 2024Y6N749 号

基于遥感大数据的输电通道碳汇估算技术应用

JIYU YAOGAN DASHUJU DE SHUDIAN TONGDAO TANHUI GUSUAN JISHU YINGYONG

组稿编辑:王志宽　电话:0371-66024331　E-mail:278773941@qq.com

责任编辑　赵红菲　　责任校对　王单飞

封面设计　张心怡　　责任监制　常红昕

出版发行　黄河水利出版社

地址:河南省郑州市顺河路 49 号　邮政编码:450003

网址:www.yrcp.com　E-mail:hhslcbs@126.com

发行部电话:0371-66020550

承印单位　河南新华印刷集团有限公司

开　　本　787 mm×1 092 mm　1/16

印　　张　10

字　　数　220 千字

版次印次　2024 年 9 月第 1 版　2024 年 9 月第 1 次印刷

定　　价　88.00 元

本书作者

张　苏　刘海波　张济勇　孙小虎

张亚平　荣经国　王　浩　武宏波

赵春晖　韩文军　杨　洲　李均昊

马唯婧　左　平　高群策　齐逸飞

刘　定　于光泽　张卓群　肖　辉

苑　博　李沛洁　张　阳　于　高

司晋新　薛佳睿　臧秀环　耿鑫州

李丹利

前言

随着全球气候变化的日益严峻,碳排放和碳汇管理成为国际社会关注的焦点。输电通道作为电力传输的重要基础设施,不仅在国家能源安全中发挥着重要作用,同时还对生态环境和碳汇有着重要影响。输电通道的建设和维护在一定程度上会对其所经过的自然生态系统产生干扰,尤其是对植被的破坏可能导致碳汇功能的减弱。因此,如何在保证输电通道安全运行的前提下,最大限度地减少对生态环境的负面影响,并通过有效的恢复措施提升植被碳汇功能,成为当前亟待解决的科学与技术问题。

在全球碳中和的背景下,电力行业作为碳排放的重要领域之一,亟需寻找有效的碳减排和碳汇提升途径。输电通道不仅是电力输送的重要载体,还是自然生态系统的一部分。通过对输电通道植被碳汇的合理管理与恢复,可以实现碳排放的有效抵消,助力实现碳中和目标。输电通道通常穿越不同类型的生态环境,这些区域内的植被在维持碳循环中扮演着重要角色。然而,传统的输电通道建设和维护往往忽视了其对生态系统的影响,导致植被损毁、生态破碎化等问题。这不仅削弱了当地生态系统的碳汇能力,还可能导致碳排放的增加。因此,研究如何通过科学的管理与技术手段,优化输电通道的生态效益,提升其碳汇功能具有重要的理论意义和实践价值。随着遥感技术的发展,多源异构遥感数据在地表信息获取中的应用愈发广泛。遥感数据能够快速、准确地捕捉大范围区域内的地物信息,为生态系统监测与管理提供了强有力的技术支持。通过多源遥感数据的协同应用,可以实现对输电通道沿线植被状况的精确监测,并对碳汇变化进行动态评估。

本书围绕输电通道的生态效益与碳汇管理,从数据获取与预处理、要素精细分类、碳汇估算到恢复潜力预测及应用软件研发,系统探讨了输电通道碳汇管理中的关键科学问题与技术手段。本书共分七章,内容涵盖了从基础理论到技术应用的各个方面。第 1 章绪论,详细阐述了研究背景与意义,并对国内外相关研究进展进行了综述。通过对现有研究的分析,明确了输电通道碳汇管理的关键问题与技术瓶颈,为后续章节的研究奠定了理论基础。第 2 章介绍了多源遥感数据的获取与预处理方法。不同类型的遥感数据在获取方式、空间分辨率、时间分辨率等方面各有差异,通过对这些数据的预处理与融合,可以为后续的精细分类与碳汇估算提供高质量的数据支撑。第 3 章探讨了基于多源异构遥感数据的输电通道场景要素自动精细分类技术。通过多种类特征提取与融合,结合深度学习算法,实现在复杂场景中的要素自动分类与识别,为输电通道的生态监测提供了高效、可靠的技术手段。第4章重点研究了输电通道碳汇的估算方法。通过植被三维重建与垂直结构提取技术,结合地上生物量外推模型,构建了输电通道碳汇估算模型,并进行了相应的制图与验证,为碳汇管理提供了定量化工具。第5章分析了输电通道植被碳汇恢复潜力预测与优化方法。通过SAM树种分类法与树木生长模型,预测输电通道植被的恢复潜力,并提出了优化策略,为生态恢复提供了科学依据。第6章则将前述的理论与技术集成到实际应用中,开发了一套面向线路工程建设论证的输电通道碳汇估算与恢复潜力优化软件原型。通过三维点云可视化交互界面与多模块设计,该软件能够为工程规划与决策提供全面的数据支持与分析功能。

本书旨在系统梳理和总结输电通道碳汇管理领域的最新研究进展与技术应用,提出了一系列具有创新性的研究方法和技术路线,为未来的研究和应用提供了重要参考。随着遥感技术的发展与生态文明建设的推进,相信输电通道碳汇管理将会在实现碳中和目标中发挥越来越重要的作用。本书也期望为科研人员、工程技术人员以及政策制定者提供有益的参考,共同推动这一领域的发展。

限于作者水平和时间,书中难免存在不足之处,望广大读者批评指正。

作　者

2024年8月

目 录

1 绪论

1.1 研究背景与意义

CO_2 等温室气体排放引起的气候变化已成为人类当前关注的重要问题，世界各国以全球协约的方式减排温室气体。2020 年，在第 75 届联合国大会上习近平主席郑重宣布："中国将提高国家自主贡献力度，采取更加有力的政策和措施，二氧化碳排放力争于 2030 年前达到峰值，努力争取 2060 年前实现碳中和"[1-2]。2021 年，习近平总书记指出，"十四五"时期，我国生态文明建设进入了以降碳为重点战略方向、推动减污降碳协同增效、促进经济社会发展全面绿色转型、实现生态环境质量改善由量变到质变的关键时期[3]。

电力作为重要的能源基础产业，不仅是能源供应的支柱，也是最大的能源消费领域。因此，电力行业在实现"双碳"这一经济社会系统性变革目标方面扮演着至关重要的角色，迅速启动能源转型，以绿色能源发展引领社会新经济。双碳目标对电网建设提出了新的挑战和要求。在低碳绿色建设的时代，电力线路工程的论证过程已经超越了单一技术经济层面，扩展到了更为全面的考量，包括社会因素和环境因素在内。综合考虑技术、经济、社会和碳排放等多个方面，对线路工程建设进行全面研判，已经成为推动电力行业朝着可持续和低碳方向发展的关键。其中，科学估算输电通道碳汇和客观预测碳汇恢复潜力，对于线路工程建设的论证与选线优化至关重要。目前的相关研究面临一系列挑战：首先，基础数据多由人工现场踏勘获得，这种方式存在高成本、耗时长的问题，而且往往无法全面、及时地获取大范围的信息。其次，通道场景的细分受信息采集覆盖范围所限，导致误差较大。这使得对于输电通道植被碳汇的具体情况理解不够准确，从而影响了建设论证的科学性。再次，植被的变化情况难以有效跟踪，传统手段对于动态植被生态系统的监测和评估存在较大的局限性。最后，对于碳汇恢复潜力的预判也存在不精准的问题，传统方法往往无法全面考虑植被的适应性和生态系统的自我修复机制，导致预测结果缺乏准确性和可靠性。

遥感技术的广泛应用为输电通道碳汇研究提供了不可忽视的先进技术手段。首先，遥感技术具有数据采集范围广、信息获取迅速的特点，使得可以在较短时间内覆盖大范围的输电通道地区，从而实现对植被分布、结构和碳储量等多方面信息的高效获取。这为大规模输电通道的碳汇研究提供了强大的数据支持，有助于更全面、全局地了解碳汇的动态变化和植被的生态情况。其次，遥感技术的时序观测能力为动态监测输电通道植被生长规律提供了独特优势。通过获取连续多期的遥感影像数据，可以追踪植被的生长、变化和季节性差异，揭示植被生态系统的动态特征。这对于理解输电通道植被碳汇的季节性变化、生命周期变化以及对外界环境的适应性具有重要意义。时序遥感数据的运用有望帮助人们更深入地了解输电通道植被的生态动态，为科学评估碳汇状况提供更为准确和全面的信息。在利用时序遥感影像进行输电通道植被碳汇研究时，还可以通过建立时空模型,分析不同时期和地点的植被生长趋势。这种方法不仅有助于揭示输电通道植被对气候、土壤等环境因素的响应,还能为未来的碳汇管理和线路工程建设提供更为科学的决策支持。因此,综合运用遥感技术的数据采集和时序观测优势,对输电通道植被碳汇进行深入研究将为推动电力行业的绿色转型和碳减排提供有力的技术支持。

本书紧密围绕输电线路工程碳排放评价和选线优化决策对植被碳汇分布的需求展开研究。通过综合运用遥感技术,构建覆盖丘陵、山区等典型地貌区域输电通道场景要素的自动精细分类方法,并建立科学的输电线路工程建设碳汇核算、恢复潜力评估模型。这将为输电线路建设论证与选线优化提供更全面的评价支持,推动输电线路工程绿色建造水平的整体提升。

1.2 国内外研究进展

1.2.1 基于多源异构遥感数据的输电通道场景要素自动精细分类技术研究

多源异构数据指的是不同数据来源、不同数据类型的数据集合。随着遥感科学与技术的不断发展和创新,星载、机载及地面的遥感数据采集设备更加多样,获取的数据呈现出多源、异构、海量的特点[4]。多源异构遥感数据主要包括光学数据、微波数据及激光雷达数据等。其中,光学数据和微波数据以二维图像的形式进行记录,激光雷达数据则主要通过点云的方式进行数据的储存。因此,多源异构遥感数据总体来说可以分为两大类,即图像数据和点云数据。对多源异构遥感数据的分类也需要结合这两类数据类型的特点,实现多层次、全方位的融合,从而提高特征识别和提取的全面性,实现高准确度、强鲁棒性的分类。

1.2.1.1 基于遥感图像的分类

随着近年来多光谱遥感技术和高光谱遥感技术的逐渐成熟,获得同一研究区域的多波段遥感图像变得较为容易。由于不同波段的遥感图像能够反映出地物的不同特征,因此各波段遥感图像中特征的提取对于遥感图像的分类意义重大,特征表达能力的强弱直接决定了最终分类结果的好坏。根据图像特征提取的不同主体,可以分为基于人工的特征提取分类和基于计算机的特征提取分类。

1. 基于人工的特征提取分类

基于人工的特征提取分类是人为地根据各类地物的不同特征,设置相应的特征提取和计算方式,再结合具体类别的特征阈值限制进行分类。人为设置的特征主要是利用不同物体在颜色、纹理、形状等方面的差异实现分类。Li 等[5]利用物体的颜色特征,采用改进的颜色结构码进行分割,并加入支持向量机(SVM)进行分类。颜色特征具有很好的平移不变性和旋转不变性,但不同光照条件下的物体颜色存在差异,颜色量化的细致程度也会直接影响分类的精度。Aptoula[6]采用全局形态纹理描述符反映了不同目标表面多尺度的纹理性质,实现遥感分类。但相同物体在不同分辨率图像中的纹理信息可能会存在较大差异,造成分类的偏差。Navneet[7]则着眼于局部纹理特征,利用方向梯度直方图(HOG)减少图像几何畸变和光照变化的影响,具有较好的鲁棒性。但其时间复杂度高,对噪点也比较敏感。Oliva等[8]构建了低维的空间包络,通过描述物体的粗糙度、延展性、开放性等形状特征,实现场景中不同物体的分割。但不同物体在局部很容易具有相同的形状特征,从而造成分类的混淆。Lowe[9]着眼于目标点周围的梯度,通过尺度不变特征变换(SIFT)对不同物体的关键点进行识别,对亮度变化、尺度变化和噪声造成的负面影响都具有不错的抗性。但SIFT只能利用图像的灰度信息,对于彩色图像的信息处理能力不足。基于人工的方法直观、解释性强,但面对具有大量细节的复杂图像,人工处理很有可能忽略很多有用的图像信息。同时,对于图像中潜在的、人为无法察觉和提炼的深层次信息,基于人工方法的描述能力就存在很大的局限性。

2. 基于计算机的特征提取分类

基于计算机的特征提取分类可以分为基于监督学习的特征提取、基于非监督学习的特征提取和基于深度学习的特征提取三种。

1)基于监督学习的特征提取

基于监督学习的特征提取分类通过选取和标注合适的训练集,从而确定分类器的各项指标,实现对图像数据集的分类。根据分类器的不同,监督学习的分类方法可以分为决策树、支持向量机、人工神经网络等。

(1)使用决策树的方法是从根节点出发,利用训练集图像在二维空间、颜色、纹理等方面的信息定义各种规则,并最终形成叶节点,实现遥感图像的分类[10]。尽管基于决策树的算法可解释性与可操作性都很强,但面对高维数据处理时的泛化能力还有待提升。

(2)支持向量机的方法力求从训练集中寻找超平面,使得该超平面能够将不同种类的数据点分隔开,它本质上是高维空间内的最优化问题[11]。然而,面对多类目标分类时,支持向量机的分类效果有所下降,不能很好地形成满足要求的超平面。

(3)基于人工神经网络的方法是通过模拟生物体的神经网络结构,根据具体分类情形构建不同层数、不同神经元个数的网络,利用训练集确定网络中各部分的参数实现分类[12]。然而,浅层的神经网络难以实现完全自动的特征提取,对于大规模数据的利用效果也较差,因此深度学习逐渐替代传统的神经网络,成为新的遥感分类方向。

2)基于非监督学习的特征提取

基于非监督学习的特征提取则直接从未标记过的数据中进行学习,利用分类器的固有特性自主地对待分类图像进行特征识别与划分,形成最终的分类结果。这类方法主要包括聚类、主成分分析、稀疏表示等。

(1)聚类方法以K-means聚类为代表,需要预先确定待分类的数目,可以通过已知的图像信息,或通过一定的计算方法获得。确定分类数目后,K-means 算法则根据类内距离近而类间距离远的原则,将图像不同位置对应的特征值分为指定的类别[13],对应于图像不同位置的分类。K-means 方法能够较快地完成海量数据的处理,但其对离群点敏感,且分类结果可能不是全局最优。

(2)主成分分析(PCA)方法通过线性变化,将图像本身或图像对应的多维特征进行转换,使得有效信息集中于更少的维度,减少多维数据的冗余,实现更精确的分类[14]。由于 PCA 对数据的处理方式是线性的,其对特征的描述能力比较有限,对遥感图像的分类效果的提高贡献不大。

(3)稀疏表示方法将遥感图像的特征采用稀疏编码、字典学习技术求解得到图像数据的稀疏系数向量,从而实现对图像的更简洁表达,进一步进行分类。该方法的主要特点是高速度、高性能,但字典构建的完备性很难实现。

3)基于深度学习的特征提取

以上机器学习的方法尽管简单便捷、易于理解,但很难表达复杂的函数关系,对于大规模、高维度特征数据的挖掘和建模能力不足。因此,基于深度学习的方法逐渐成为遥感图像分类的新趋势。

基于深度学习的特征提取分类利用海量的训练数据,以及具有大量隐藏层和神经元的深度神经网络模型实现多维特征更有效的学习,从而大幅度提升遥感图像分类的准确性和面对多样场景分类精度的稳定性。目前,主流的遥感图像分类的深度学习方案分别是卷积神经网络、深度信念网络和堆叠式自动编码器。

(1)卷积神经网络的关键部分包括卷积层、池化层和全连接层。卷积层对输入的数据进行学习,通过激活函数计算得到一系列特征值,这些特征值经过池化层的选择和提炼,实现维数的降低和特征的筛选[15]。最后,所有存留的特征由全连接层展开为一维向量,输入最终的分类器中进行判断与分类[15]。相较于传统的机器学习,卷积神经网络能够学习到更抽象和有效的特征。

(2)深度信念网络由按层次结构排列的一系列受限玻尔兹曼机(RBM)构建,是一种基于能量的生成模型。它利用高效的逐层贪婪学习策略初始化深度网络,然后结合所需的输出对所有权重进行微调实现学习器的生成,对复杂图像数据的抽象特征提取有很好的效果[16]。

(3)堆叠式自动编码器(SAE)则由多层自动编码器(AE)组成,每一个 AE 都有一个输入层和一个隐藏层。与其他深度学习网络不同,SAE 不是训练网络来预测给定输入的某个目标标签,而是训练 AE 来重建每层的输入,对高维数据的处理尤其擅长。去噪自编码器[17]和栈式自编码器[18]是 SAE 在遥感图像特征提取及分类中有效且典型的两种类型。

总之,深度学习方法实现了遥感图像特征的自适应提取,解决了人工提取存在的经验依赖性的不足。相较于普通的监督学习与非监督学习,深度学习能够在大规模的数据中自主寻找更抽象、更深层次的语义特征,从而进一步提高分类的精度。在未来研究中,选择合适的网络构造及参数确定方法,以及进一步提升训练样本的典型性和全面性,都是值得研究的方向。

1.2.1.2 基于点云的分类

三维点云相较于二维图像,存在非规则化、非结构化的特点,但通过合理利用其丰富的三维空间信息,能够实现对象在三维空间中的分类,服务于更广阔的应用领域。基于点云的分类可以分为基于人工的点云分类和基于计算机的点云分类两种。

1. 基于人工的点云分类

基于人工的点云分类通过人为设计物理规则和几何约束计算点云特征量,实现原始点云数据的分类。Huang 等[19]依据角度相关的准则识别边缘信息,实现基于边缘的点云分组与分类。该方法的分割效率很高,但面对密度不均的点云时较为敏感,分类效果的鲁棒性难以保证。宿颖[20]引入标号竞争机制选取种子点,实现最优分割平面的划分,利用基于区域生长的分割方法实现点云的归类。然而,初始种子点的选取对最终的分类精度具有决定性的作用,导致该方法在不同数据集上的表现差异较大。Zhang 等[21]实现了基于模型拟合的分类,将点云拟合到不同的曲面模型中,使得具有相同数学特征的点云分为一类。尽管这类方法受噪声的影响很小,但面对具有复杂形状的类别及数学特征相似的不同类别的区分还有很大的挑战。刘雪丽[22]利用原始点云信息计算多维点云特征向量,将具有相似特征向量的点云归为一类。该方法能够很好地应对异常值的影响,但计算的时间成本和对点云密度的要求均较高。

2. 基于计算机的点云分类

基于计算机的点云分类可以细分为基于传统机器学习的分类方法和基于深度学习的分类方法。

1) 基于传统机器学习的分类方法

基于传统机器学习的分类方法利用各类模型对点云的特征进行学习,从而实现对数据的自动选择与排序,完成点云的分类任务。杨娜[23]提出了一种面向对象的基于支持向量机的分类算法,对点云的几何、形状、高程、纹理、回波、辐射等特性进行学习,实现城市区域 LiDAR 点云的分类。Kim 等[24]将随机森林算法引入点云分类过程中,对电力线、杆塔、植被等多种元素进行多类特征计算,利用 21 类特征对随机森林分类器进行训练,并获得了较高的分类精度。周梦蝶[25]基于 AdaBoost 算法实现了点云权重分配的自动化,使用同一训练集训练多个分类器,再将它们集合起来实现更强的分类效果。Niemeyer 等[26]将点云的上下文信息加以利用,基于条件随机场实现分类。这些机器学习方法尽管在一定程度上领先于基于人工的方法,但面对庞大的数据集时,其处理能力还有待提高。各学习器所学习到的特征受到先验知识的制约,表达能力总体较弱,面对复杂的场景时泛化能力仍有欠缺。

2) 基于深度学习的分类方法

基于深度学习的分类方法通过深层次的网络结构，自主从原始数据中挖掘点云的显性和隐性特征，利用训练集不断改进分类器精度，实现对大规模点云数据的有效分类。目前，在深度学习领域，对点云的分类方法主要分为投影、体素化和逐点[27]。

(1)基于投影的分类方法考虑将三维点云投影到二维平面，获得目标点云在多个角度的二维图像，将其作为深度神经网络的输入进行分类。Xu 等[28]将点云在多个已知视角下的二维投影图像按序列放入长短期记忆递归神经网络循环，训练该网络对其他视角下的二维投影图像进行预测，从而融合各视角下的有效特征实现点云分类。Lawin 等[29]将各角度的投影图像作为二维卷积神经网络的输入，根据深度、曲面法线等信息进行预测和分类。Huang 等[30]引入了视图融合模型(VMM)，将投影图像中的特征进行提取和降维，然后利用网络实现分类。这类方法试图利用点云在多个平面上的二维信息进行综合分析分类，但投影获得的二维图像受投影角度的影响，无法避免地会丢失部分空间几何信息，造成数据的浪费。

(2)体素化的分类方法将原始点云分为具有一定空间大小的体素，实现了点云在三维空间中的像素化。这既能保留原始点云中的邻域结构，又能使转换后的数据具有很好的可扩展性。Tchapmi 等[31]将点云体素化后，使用三维全卷积神经网络获得体素标签并对应于原始点云数据，然后通过全连通条件随机场实现标签的预测。Wu 等[32]设计了 ShapeNets 网络，专门使用体素化点云进行训练，实现点云的分类。Meng 等[33]对单个体素进行插值，并利用变分自动编码器对体素中的几何结构进行编码，再利用编码信息实现分类。这类方法解决了点云非结构性的问题，但点云的体素化存在着固有的缺陷。如果设置的体素过小，容易造成计算代价的成倍增加；如果设置的体素过大，点云的空间精度又将损失过多。

(3)逐点的分类方法能够充分保留点云的几何结构信息，是对三维空间内点云的直接处理，具体可以划分为逐点多层感知机(MLP)方法、点卷积方法、循环神经网络方法和图优化分割法。①逐点 MLP 方法是基于点的分类研究领域的开创性工作，它通过构造转换矩阵保证了点云的置换不变性，并引入最大池化函数解决点云的无序性问题，实现了点云层面的分类[34]。②点卷积方法通过对点云进行预处理，对各点的特征进行重加权和重排序，实现了点云的“规则化”，从而进一步引入卷积神经网络(RNN)对其进行分类处理[35]。③循环神经网络方法则通过获取点云本身的空间上下文信息，对点云的局部特征进行学习，利用双向的 RNN 网络实现三维的语义分割[36]。④使用图优化进行分割的方法将点云数据转化为图数据，描述邻域点及上下文的关系，再通过图卷积神经网络进行学习[37]。逐点的分类方法能够直接将原始点云作为输入，实现了端到端的分类，但原始数据的大数据量造成了网络的训练时间加长，模型复杂冗长。因此，构建有针对性的点云数据集，改善深度学习网络构架仍是需要解决的问题。

综合以上遥感图像和点云的国内外已有分类技术可以发现,尽管数据种类不同,但其本质都是从原始数据中挖掘各类特征,从而实现数据的区分,完成分类任务。基于深度学习的方法是目前遥感图像数据分类和点云数据分类最前沿的研究方向,然而各类方法都存在一定的缺陷,仍需进一步有针对性的改善。分类研究中大多都使用单一的数据类型,对多源异构数据的利用还有欠缺。因此,将遥感图像数据与点云数据有机结合,实现两者的信息互补,再结合当今的深度学习方法进行训练,是值得探索与研究的新兴领域。

1.2.2 多源遥感数据协同的输电通道碳汇估算

现如今,由于气候变化和灾害的频发,早日实现碳中和已经成为国际共识[38]。2020年9月,中国在联合国大会上宣布到2030年达到碳排放峰值、2060年实现碳中和的国家目标[39]。森林生态系统为陆地上最大的碳储存体。森林碳汇通过植物的光合作用,从空气中吸收二氧化碳,并将其转化为植物或土壤中的生物质。因此,评估森林碳汇是衡量森林生态系统碳固定能力的重要标准,也是提高碳汇检测技术和推动碳汇交易发展的关键因素[40-43]。

1.2.2.1 样地清查法

在森林碳汇估算的诸多方法中,样地清查法是指通过对样地中植被进行碳储量测量,分析得到某一时段内的碳储量情况[44]。例如,Fang 等[45]结合中国50年的森林资源调查数据,通过改进的森林生物量估算方法,将木材蓄积量变化值与生物量膨胀因子(biomass expansion factor,BEF)相乘估算出中国1949~1998年森林生物量碳储量变化情况;Pan 等[46]利用森林资源清查数据和长期生态系统研究,估算1990~2007年全球森林碳汇总量为$(2.4\pm0.4)\times10^{15}$ gC/a;Piao 等[47]使用三种独立的方法来量化中国陆地碳平衡及其机制,研究表明:由于过度采伐和森林退化,中国东北地区是大气中二氧化碳的净排放源,相比之下,华南地区占碳汇的65%以上,中国陆地生态系统吸收了28%~37%的化石燃料累积排放量。

然而,这种方法存在一定的局限性:首先,传统的清查数据重访周期通常为5年甚至更久,且在空间分辨率上通常为行政单位,时间和空间分辨率都较低,对于碳储量估算的年际变化和精细空间格局上的描述难以实现;其次,这种方法有较大的不确定性,这是因为在地点尺度和区域尺度的碳储量估算中,陆地生态系统本身存在显著的空间异质性[48];最后,传统样地清查法的碳汇估算难以满足大区域甚至全球化的森林碳汇估算[39]。

1.2.2.2 基于卫星遥感的森林碳汇估算方法

随着卫星通信技术的进步,遥感卫星在大尺度、稳定性、连续性及短重访周期等方面的优势,使其在大区域和长时间序列的森林碳汇估算中逐渐崭露头角。利用卫星遥感技术获取各种植被的参数信息,通过对不同植被种类在时间序列上的空间分布情况确认,可以实现对森林生物量进行估测,从而进一步实现对大范围森林碳储量的估算。借助生物量的森林碳汇估算方法作为最早使用的碳汇测算方式,目前仍是十分受欢迎的碳汇估算实现方式。其中,生物量的定义为植物个体或群落在一定时间所积累的有机质总量。目前,基于卫星遥感的森林碳汇估算方法因遥感数据来源的差异而有所区别,其中主要的数据源分为三种,分别为光学遥感数据、微波雷达数据及激光雷达数据[49]。

1. 光学遥感数据

光学遥感数据凭借其较为低廉的成本和详细的森林水平结构参数优势,不仅是全国、全球范围此类大区域森林生物量估算的主要数据源,同时也是最早广泛应用于生物量估算的遥感数据源。作为被动遥感技术,光学遥感技术基于植物的反射光谱特性,在对植被的叶绿素含量、植被种类和植被的光谱特性等植被参数进行测量后,借助不同植被类型的概念关系曲线,从而实现对各类植被生长状况的监测[50],其在森林郁闭度(crown density)、叶面积指数(leaf area index,LAI)等参数获取和树种分类等方面中具有优势[51]。借助回归分析的手段可以实现地上生物量的估测,其中植被参数及光学数据重度纹理特征信息、光谱信息作为自变量。在得到不同植被覆盖区域的含碳系数后,可估算得到碳储量信息。例如,任怡等[52]基于 Landsat 8 影像和野外调查数据,通过对植被指数、纹理特征等进行提取优选,采用最小二乘回归实现对乔木林地的地上生物量估算。袁媛[53]基于 2020 年和 2021 年珠海一号高光谱影像数据,得到 2020 年和 2021 年研究区土地利用现状,从土地利用转变角度计算了两期的碳汇量,研究了山西大同煤田区域两年的碳汇变化情况。Laurin 等[54]使用最小二乘回归方法,将无人机数据与高光谱遥感数据联合后,实现了非洲地区热带森林的地上生物量估测。

首先,光学遥感数据容易受气候条件影响;其次,光学遥感数据虽然在植被水平结构参数提取中拥有巨大优势,但其在植被垂直结构获取方面却是无能为力的;最后,光学遥感数据在生物密度大的区域容易造成信号的饱和导致获取数据失真。

2. 微波雷达数据

作为微波卫星的主动扫描数据,微波凭借其长波长的优势,能够轻松克服云层和天气带来的气候条件影响。另外,凭借该优势,微波雷达数据也可以穿透植被冠层,实现对植被树干、树枝垂直结构的探测,实现对植被垂直结构的提取,更好地反映森林状况。Chang 等[55]利用三种微波(L 波段、X 波段、植被光学厚度)和三种光学(归一化差异植被指数、叶面积指数和树木覆盖度)遥感植被产品,讨论了如何使用微波和光学遥感数据估算中国森林碳储量的时空变化格局。研究者在随机森林模型框架下,协同使用光学植被指数和微波植被光学厚度产品预测我国森林地上碳储量年际变化。Musthafa 等[56]使用 C 波段(Radarsat-2)、L 波段(ALOS-2/PALSAR-2)和 GEDI 平台的激光雷达数据,使用随机森林机器学习方法建立森林地上生物量(AGB)模型。

3. 激光雷达数据

目前,激光雷达数据包括地面三维激光扫描数据、机载激光雷达数据、星载激光雷达数据。激光雷达能够穿透森林冠层的特性,可以轻松获取森林垂直结构及林下地形的三维结构特征。米湘成等[57]采用基于面积的方法,在对森林冠层高度进行获取后,联合植被的垂直复杂程度拟合异速生长方程,获取研究区生物量。Jucker 等[58]从机载激光雷达数据中识别和测量单棵树木的树高、树冠尺寸等,构建地上生物量模型。Song 等[59]利用 ICESat-2/ATLAS 数据估算了一个高海拔、生态脆弱地区的森林地上生物量。但是激光雷达数据仍然存在一些缺点,例如:地面三维激光扫描虽然可以获取超高精度三维点云数据,但由于其操作复杂且作业范围小,因此无法单独完成大范围森林碳汇估算;机载激光雷达数据理论上可以描述完整森林三维空间结构信息,但是机载 LiDAR 容易受到飞行成本高、飞行空域申请等限制,在大范围的森林碳汇估算中仍然存在缺陷[60];星载激光雷达数据虽然可以实现全球的基本覆盖,但目前常用的诸如 ICESat-2/ATLAS、GEDI 数据均为条带数据,所以无法实现区域的 LiDAR 数据覆盖。综合来看,激光雷达数据适用于区域碳汇估算,但是激光雷达数据的处理门槛与成本仍然是不可忽视的问题。

4. 多源遥感数据融合

由于诸如光学遥感数据、微波遥感数据、激光雷达数据在对森林碳汇估算中各有优缺点,在单独使用某一数据时存在各自的局限性,因此目前研究学者们都在研究将多源遥感数据融合进而实现大范围、高精度的森林碳汇估测。Silva 等[61]提出了一种多传感器数据融合方法,利用不同传感器的优势,绘制出比任何一个传感器单独绘制的生物量制图精度更高的生物量图。Guerra-Hernández 等[62]结合了 ICESat-2 植被(ATL08)数据、机载激光扫描(ALS)和基于实地的估算数据,以及多传感器观测综合数据,用于生物量估算。Hyde 等[63]基于光学遥感数据、LiDAR 数据、SAR 数据进行不同的融合,实现对生物量的估算,结果显示 Landsat 数据可以实现 LiDAR 数据的森林生物量估算精度。目前,多源数据融合的遥感数据已经成为大范围、高精度森林碳汇估算的基础来源。另外,2022 年 8 月 4 日,我国首颗森林碳汇主被动联合观测卫星陆地生态系统碳监测卫星(句芒号)发射升空。相比于国内其他大气和生态监测卫星,它拥有更加丰富的成像载荷,能够在森林碳汇估测、冠层高度监测、森林种类分类、林火监测等诸多方面发挥巨大力量[64-65]。

为了实现碳中和,国家需要大力发展可再生能源,如风能和太阳能。这些能源通常分布在不同地区,所以需要通过跨区输电通道将能源从产地输送到消费地。通过这些通道,我们可以充分利用不同地区的可再生能源,确保其高效利用。随着中国电力输电线路进入高速建设阶段,电力高压架空输电线路高压走廊长度和面积与日俱增,但在众多碳汇估算研究中,学者们缺少对输电通道植被碳汇估算方向的相关研究,所以对高压输电通道森林碳汇能力进行研究评估十分重要。

1.2.3 输电通道植被碳汇恢复潜力预测与优化方法研究

1.2.3.1 森林碳汇的作用及植被管理重要性

森林作为陆地生态系统的主体，年固碳量约占整个陆地生态系统的2/3，森林在调节全球碳平衡、减缓大气中 CO_2 等温室气体浓度上升及应对气候变化等方面具有不可替代的作用[66]。随着中国经济的不断发展，输变电项目的建设也进入高速增长阶段。2020年，中国全社会用电量达到 7.511×10^{12} kW·h，短短10年，社会用电量增长了快1倍，电压等级也提升至1 000 kV交流特高压、±1 100 kV直流特高压等世界一流水平[67]。电力供应是支撑现代生活的重要基础设施之一，而输电通道作为电力输送的关键部分，其安全稳定运行对于维护电网系统的可靠性至关重要。近年来，随着人们对环境保护和可持续发展的重视，对于输电通道周围的植被管理和保护也逐渐成为了研究的焦点之一。

1.2.3.2 国内外植被碳汇研究进展

针对碳汇这个课题，国外提出得较早，始于20世纪60年代左右，是由联合国环境规划署提出的，从此开启了对森林生态系统完整且系统的研究。Delcourt 等[68]利用美国林务局的相关数据，评估了美国东南部森林的碳源/汇能力，并研究了该地区的碳平衡情况。他们的研究结果显示，在过去20多年里，该地区的森林每年吸收了约 0.07×10^{15} TgC 的大气 CO_2。Mo 等[69]结合了多种独立建模的方法，对全球潜在的森林生物量进行了明确的空间估算。通过对比不同的方法，综合评估了全球天然森林的碳潜力。研究结果表明，存在区域上的差异，但碳潜力预测结果全球范围内表现出显著的一致性。目前，全球森林碳储量明显低于自然潜力。我国对碳汇研究得比较晚，尤其是随着碳达峰、碳中和目标的提出，植被碳汇的研究才被重视起来。植被碳汇是一个长期且动态的变化过程[70]。根据分析，植被碳汇的固碳能力主要源于植被的净初级生产力(NPP)。何勇等[71]在2007年使用植被与大气相互作用模型，并结合气象台站的观测数据，模拟了1971~2000年中国陆地生态系统净初级生产力(NPP)的变化特征。研究发现，降水是主要影响植被NPP的气候因素。石志华[72]对陕西省植被碳进行了分析，重点分析了坡度、高程、气温、降水量、经纬度等因素与碳汇能力的相关关系，结果表明：经纬度、坡度、坡向、海拔、GDP、人口对NEP(植被净生态系统生产力)的影响微弱，不存在显著的关系；而气温、降水、太阳辐射对NEP的影响呈现阈值效应；同时植被的空间分布依赖于地方性分异因素，具有空间分异性。王力等[73]在基于谷歌地球引擎(Google Earth Engine，GEE)平台集成MK突变分析、偏相关分析、多元回归残差等多种方法，针对植被的恢复效果进行综合分析，结果表明：在植被改善区域，改善效果主要归因于人类主导的生态修复工程，这些工程的实施表现出了良好的治理效果；而在植被退化区域，植被的衰退主要是气候变化和人类活动的共同影响所致。气候和人类活动变化对植被恢复的影响存在空间异质性。Zhang 等[74]基于 30 m 分辨率的林龄数据,评估未来中国森林的增汇潜力与降汇风险后发现:在不考虑未来气候和大气成分变化、人为和自然灾害影响的情况下,受到林龄结构的影响,当前中国森林的碳汇水平仅能维持 15 年;随着林龄的增加,固碳潜力将在 2060~2100 年间下降 8%~17%。万华伟等[75]利用全球陆表特征参数——植被净初级生产力(NPP)的 1982~2017 年的产品以及 Miami 模型,建立遥感观测和气候模型模拟的全国 NPP 潜在最大值的空间分布结果,并且通过和 2017 年实际监测的 NPP 进行对比得出:两种不同全国植被固碳能力提升潜力的结果,并进行了空间特征分析,比较了两者在冷热点区域空间分布上的差异。

1.2.3.3 输电线路树障预测与优化技术

目前,针对国外输电线路的树障预测研究方案尚未形成较为完整的体系。相比之下,在国内,通常采用激光测距、倾斜摄影测距等技术进行输电线路的巡检工作。然而,由于树木信息不全等因素的影响,目前在树障隐患预测方面仍存在一定的不足。虽然这些技术能够提供一定程度的信息支持,但缺乏完整的数据和综合的分析方法,使得预测的准确性和全面性受到限制。因此,尚需进一步探索和完善树障预测的相关方法和技术,以提高输电线路的安全性和稳定性。根据架空输电线路运行相关规定,高压输电线路的运维巡检必须确保输电线与通道内各种地物之间的距离符合安全要求。树木在自然生长的状态下,即在垂直空间上会不断地延伸,当导线之间的距离不断减小时,会引起导线表面电场的畸变。这种电场畸变会导致导线与树之间形成的电场强度不断增大,最终可能引发线路闪络并导致跳闸停电事故[76]。为了降低输电线路树木隐患,需要对树木生长进行预测。目前,关于树木生长预测也有较多的研究,例如:Qayyum 等[77]通过对同一地区重复测量的方法进行植被生长态势的估计来预测树障的危险情况。根据线路的输送电压等级,预警等级被划分为潜在隐患级别、重大隐患级别和紧急处理级别。Xu 等[78]研究表明,中国的森林将在未来 50 年内成为最终的碳汇。采用了 Logistic 生长曲线对全国 36 个主要树种和森林类型的生物量生长模型进行了预测。这一发现对于我们理解森林生态系统的碳汇潜力,以及对气候变化的影响具有重要意义。Qiu 等[79]探讨了中国森林植被的碳汇潜力,通过建立林木胸径随年龄、气候、地形和土壤等因素的生长预测模型,可以模拟林分蓄积生长量的变化。这一模型可以帮助我们更好地理解林木生长的影响因素,预测未来的生长趋势,并且成功预测了 2003~2050 年的森林植被生长情况。研究结果显示,中国森林的植被碳储量在未来几十年内将持续增加。He 等[80]的研究结果表明,中国森林的植被碳汇将持续增加。他们预测了 2010~2050 年的植被碳储量,主要是对成熟林最大生物量密度、最大生长速率和林龄等几个因子,构建了主要的森林植被类型生物量生长模型。Tian 等[81]利用机器学习算法,包括分类和回归树、多元自适应样条、bagging 回归、增强回归树、随机森林、人工神经网络、支持向量机、K 最近邻等方法,对森林生长收获进行预估。这些方法不仅无须满足传统统计模型的假设前提，还能揭示数据中的隐含结构，预测结果较好。虽然机器学习方法在森林生长收获预估中的应用仍有限，但它们具有巨大的潜力，并有望与传统统计模型相结合，成为生长收获模型发展的一种趋势。Yao 等[82]将温度、降水等气候因素纳入林龄驱动的生物量预测模型中，评估了林龄和气候变化对森林生物质碳储量变化的影响。许志浩等[83]提出采用激光点云数据实现电力线路树障隐患预测，结果表明，通过应用贝叶斯估计法对树木的生长态势进行科学预测，结合树木与导地线的距离，能够准确评估树障隐患的风险。这种方法为解决树障隐患排查问题提供了有效的技术方案。徐真等[84]利用三维成像激光雷达技术，绘制了输电线路树障预测模型，结果是建立输电数据空间索引结构，通过安全距离分析，计算输电线路树障节点的弧垂应力系数，完成输电线路树障预测模型的构建。实现了输电线路树障的有效预测，保障了输电线路安全运行。马海腾[85]通过分析不同种类的树木生长周期，并研究分析不同树种、不同树龄、不同季节的生长规律，制订了科学、有效的清理计划。在保证线路安全的前提下，合理安排清理计划可以减轻因时限考核造成的压力，降低不必要的人力、物力浪费，降低运营成本，节省资源，从而保障电网的稳定。张雷等[86]为提升输电网直升机巡视管理水平，坚定践行输电专业高质量发展道路，针对直升机巡视工作的成效与不足，进行了缺陷数据六维分析、树障隐患分析、飞行影响因素分析等，为今后特大型城市输电网直升机巡视工作提供参考。沈明松等[87]通过构建风险位置识别模型，并设置树障生长风险预判模式，实现了树障生长风险的预判。实验结果表明，所设计的系统具有较好的分类效果，在输电线路拟合效果和地物分类效果这两个方面，满足了基本功能需求。与传统系统相比，树障生长风险预判的覆盖范围更广，表明系统的预判效果更好，可应用于实际输电线路通道巡检中。斯建东等[88]针对目前无人机搭载传感器的树障检测方法无法实现自动检测的问题，提出了一种基于改进的 FPN（特征金字塔网络）与 SVM（支持向量机）的树障检测算法。在传统的 FPN 基础上，进行自下而上的反向侧边连接并融合，采用 ResNet 50 深度残差网络和优化过的 FPN 作为特征提取器，从图像中提取特征向量，并将其输入到基于遗传算法的 SVM 模型中进行二元分类，以判断所检测的图像中是否存在树障隐患。实验结果表明，该算法用于树障检测的准确率达到了 93.4%，处理图像的平均速度达到每秒 11 张，漏检率和误检率较低，具有较强的泛化能力。

当前的研究成果表明，树障预测领域面临着多个挑战，包括树木生长模拟精度不高、动态条件下输电线路建模困难等问题。此外，在大尺度空间监测方面的研究还相对较少，尤其是预警机制方面的研究相对薄弱。

本书构建了顾及定量化检测与动态环境的输电通道树障分析与应用框架。首先，利用高效快速的特点，可以快速扫描地面，并收集大量高精度的数据，激光雷达不受天气条件的限制，保证了数据的连续性和可靠性；星载激光雷达具有较大的测量范围，能够一次性覆盖较大的输电通道区域，提高了数据采集的效率和覆盖率，同时减轻了人力和物力成本,提高了工作效率和安全性。其次,与现有应用软件对比,结果表明本书方法效率更高且适用性更好;最后,基于多工况气象参数、线材物理参数及输电线状态方程,模拟复杂工况下的输电线弧垂形态,结合以上树障检测方法和植被长势模型,构建动态环境下输电通道树障分析、预测模型,以实现输电通道树障精准分析与预测。

2 输电线路多源遥感数据获取及预处理

2.1 多源遥感数据简介与获取

2.1.1 ICESat-2 数据

2018 年 9 月 15 日,美国成功发射 ICESat-2 星载激光雷达卫星,用于替代失效的 ICESat/GLAS。ICESat-2 的主要科学任务包括:测量植被高度,以揭示大区域植被生长变化情况;探测极地冰盖,并评估极地冰盖对目前海平面变化的影响程度;量化冰盖变化的驱动机制和区域特征,以改进冰盖预测模型;估算海冰厚度,研究海冰、海洋和大气之间的能量、物质和水分交换[89-90]。

ICESat-2/ATLAS 相比于 ICESat/GLAS 在波束设计上存在差异(见图 2-1),ICESat-2/ATLAS 采用多波束设计,能够以固定间隔采集同一表面的多组数据[91]。

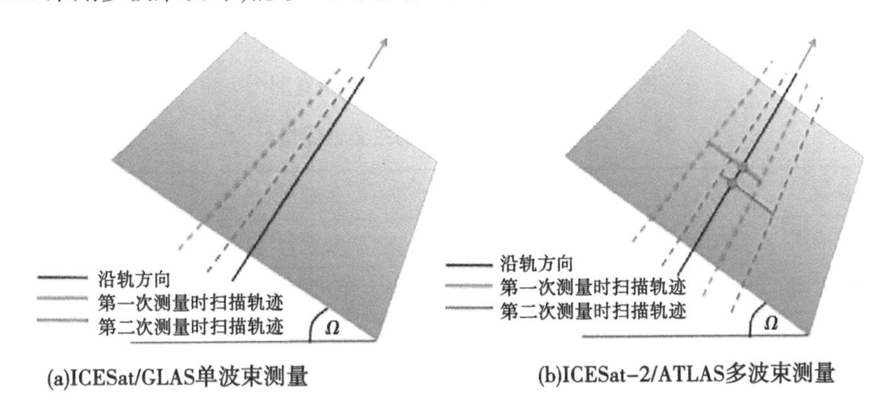

图 2-1 激光器测量斜面示意图

ICESat-2 卫星绕地球飞行的高度大约是 500 km,它的飞行轨道倾斜角度为 92°,数据覆盖南北纬度 88°之间的地区。每 91 d,它会完成一个观测周期,在这个周期内会有 1 387 条轨迹。ATLAS 是 ICESat-2 上的主要仪器,它装备了两个激光器,但通常情况下只有一个在使用。这个激光器以 10 000 次/s 的频率发射波长为 532 nm 的激光脉冲,每个脉冲的持续时间是 1. 5 ns。通过这种方式,ATLAS 可以产生直径大约 14 m、间隔大约 0. 7 m 的重叠激光光斑[89],在 ICESat-2 飞行过程中,ATLAS 仪器发射的激光脉冲会照射地面,形成左右各三个点的对,这些点共同描绘出宽约 14 m 的六条地面路径。这些路径根据它们的激光光斑被编号,最左侧的路径被标记为 1L(GT1L),而最右侧的则为 3R(GT3R),每一对路径中的点在横向上大约相隔 90 m[92]。在顺线方向上相距约 2. 5 km。ICESat-2/ATLAS 数据产品(ATL03 及以上)按地面轨道组织,地面轨道 1L 和 1R 形成第一对,地面轨道 2L 和 2R 形成第二对,地面轨道 3L 和 3R 形成第三对。在 ICESat-2 的 ATLAS 系统中,每对激光光束都有不同的能量输出,分为所谓的弱光束和强光束

(见图 2-2),其能量比例大约是 1∶4。这两种光束在地面上的映射和相对位置取决于 ICESat-2 的飞行方向。当 ATLAS 沿着其仪器参考系的正 x 轴方向(卫星的飞行方向)移动时,弱光束位于前方,靠近光束模式的左侧。而当 ATLAS 反向移动,沿着负 x 轴方向时,强光束则位于前方,同样位于光束模式的左侧[93]。ICESat-2 的 ATLAS 系统在不同组之间的跨轨距离约 3.3 km,而组内的跨轨距离约为 90 m。详细的 ICESat-2/ATLAS 的主要性能指标见表 2-1。

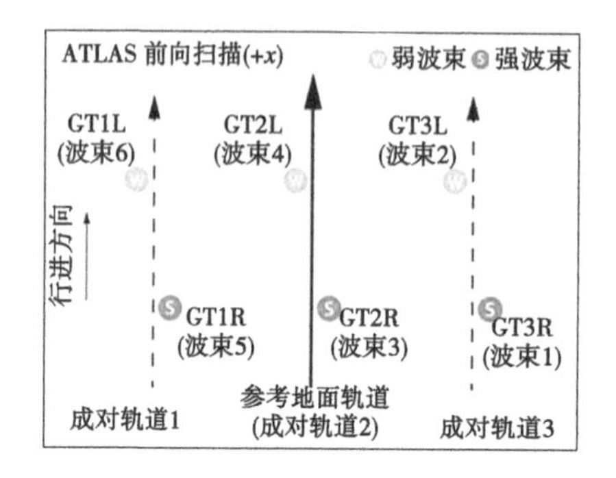

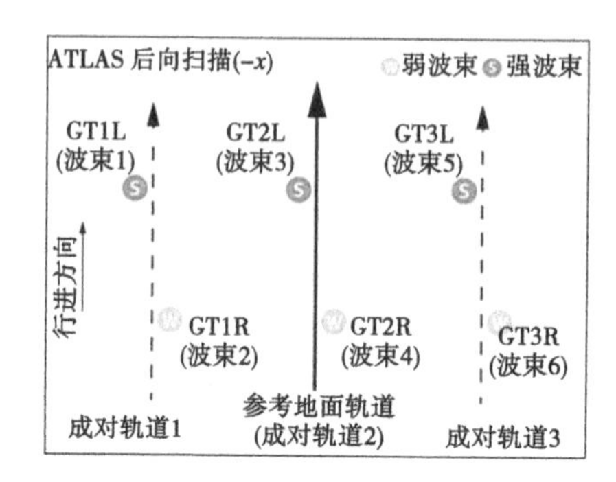

图 2-2　ICESat-2 强弱波束划分示意图[93]

表 2-1　ICESat-2/ATLAS 的主要性能指标[94]

参数	指标	参数	指标
覆盖范围	88°S~88°N	激光波长	532 nm
重访周期	91 d	激光束组内间距	约 90 m
周期内轨道数	1 387	激光束组间间距	约 3.3 km
轨道高度	500 km	激光足印沿轨距离	约 0.7 m
轨道面倾角	92°	激光足印直径	约 14 m
脉冲宽度	1.5 ns	强光束能量	(175±17) μJ
脉冲强度	0.2~1.2 mJ	弱光束能量	(45±5) μJ
脉冲频率	10 kHz	强弱激光束能量比	4∶1
激光束数量	3 组 6 束	接收器直径	0.8 m

ICESat-2/ATLAS 数据中,一共有 21 种数据产品,数据产品按照等级划为 0 级、1 级、2 级、3A 级以及 3B 级产品。各数据产品的名称自 ATL00 至 ATL21,其中不包含 ATL05 数据[90]。图 2-3 对 ICESat-2/ATLAS 的数据产品及其分级命名进行汇总。其中:ATL00 作为原始遥测数据,对应为 0 级产品;ATL01 重新格式化的遥测数据与 ATL02 科学单位转换遥测数据对应为 1 级数据产品;在 2 级产品数据中,ATL03 全球地理定位光子数据、精确定向数据和 ATL02 数据,同时对接收光子的坐标进行记录,此外,2 级产品数据还包含 ATL04 数据;3A 级和 3B 级数据产品则为适用于不同场景和研究领域的数据,共包括

ATL06 至 ATL21,例如 ATL08 数据为土地和植被高度产品数据。

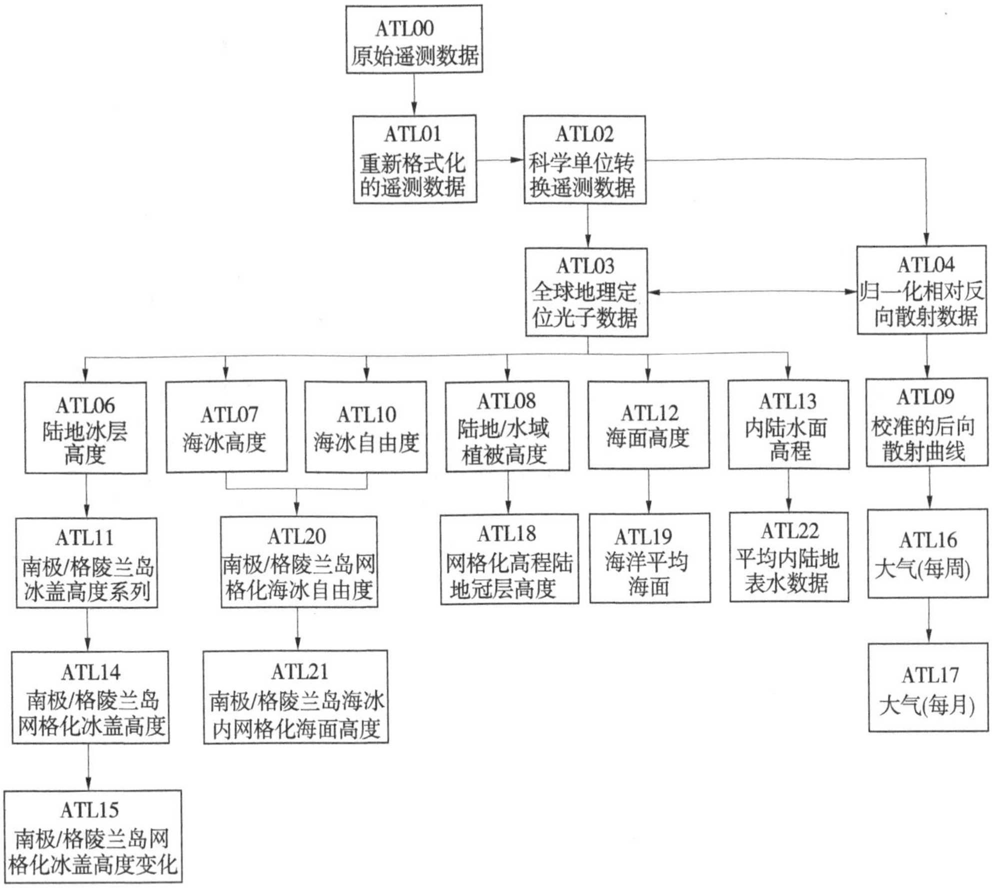

图 2-3 ICESat-2/ATLAS 的数据产品及其分级命名汇总

为了对光子数据的质量和性能进行测试,NASA(美国国家航空与航天局)在卫星发射前,提前进行相关机载实验。在不同的研究区中,官方收集了机载模拟光子数据[95-98]。

2.1.2 GEDI 数据

GEDI(global ecosystem dynamics investigation)是 NASA 搭载在国际空间站上的多波束线性体质激光测高仪,旨在通过激光雷达技术来监测地球生态系统的动态变化。该激光雷达系统能够实现高分辨率的地面高度测量,并且能够穿透地面植被,从而提供了独特的数据,可用于监测森林结构、生物多样性和碳储量等生态系统特征。GEDI 全波形数据共有 8 条轨道光束(见图 2-4),其中 4 条轨道为全功率波束,另外 4 条轨道为全覆盖光束,每个光斑的直径大约为 25 m,光斑中心点之间的间隔为 60 m,轨道间跨轨距离为 600 m,坐标系为 WGS84 地理坐标系,高程基准为 WGS84 基准面。其主要技术指标见表 2-2。

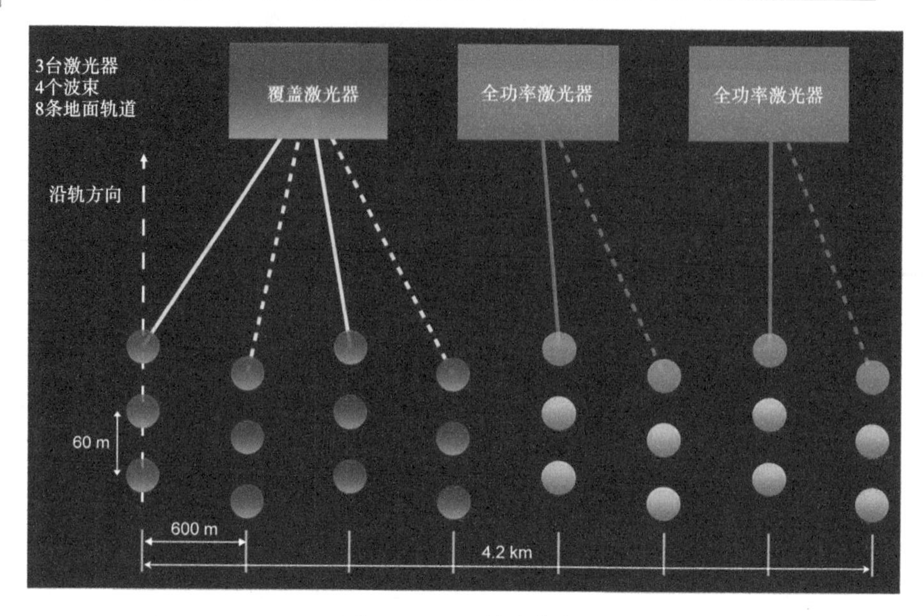

图 2-4　GEDI 波束分布

表 2-2　GEDI 的主要技术指标

参数	指标	参数	指标
发射时间	2018 年 12 月 5 日	扫描幅宽	4.2 km
轨道高度	约 400 km	脉冲强度	10 mJ
覆盖范围	51.6°S~51.6°N	光斑直径	25 m
发射频率	242 Hz	轨道间距离	600 m
激光波长	1 064 nm	地面轨道数	8
脉冲宽度	14 ns	光斑沿轨间距	60 m

GEDI 数据及其产品包括表征地球三维特征的足印和网格数据集，共分为 L1、L2、L3 和 L4 四个级别。其中：第 1 级和第 2 级产品由 NASA 陆地过程分布式档案中心(LP DAAC)发布，经过地理位置定位的 GEDI 波形数据为 L1 级产品，光斑尺度的冠层高度及轮廓指标等为 L2 级产品。第 3 级和第 4 级产品由美国橡树岭国家实验室分布式活动档案中心(ORNL DAAC)发布，L3 级产品是对产品进行了空间插值，生成格网数据；而 L4 级产品则是对地上碳的估算，包含光斑尺度数据和格网数据两种。具体的数据产品信息可以参考表 2-3。本书研究所使用的 GEDI L4A 数据集提供了每个采样地理定位激光足迹内的预测地上生物量密度(AGBD，单位为 Mg/hm^2)和预测标准误差估计值。

表 2-3 GEDI 数据产品

等级	产品	描述	分辨率
L1	GEDI01A-RX	原始 GEDI 波形	25 m
	GEDI01B	经过地理定位的 GEDI 波形	25 m
L2	GEDI02A	光斑尺度地面高程、冠层高度、相对冠层高度指标	25 m
	GEDI02B	光斑尺度冠层覆盖度、叶面积指数、垂直叶型	25 m
L3	GEDI03	格网化冠层覆盖度、叶面积指数、垂直叶型	1 km
L4	GEDI04A	光斑尺度地上生物量	25 m
	GEDI04B	格网化地上生物量	1 km

自 2019 年 3 月 25 日起，GEDI 开始采集全波形数据，GEDI 数据产品于 2020 年 1 月公开发布。

2.1.3 机载 LiDAR 点云数据

2.1.3.1 航线规划与数据采集

利用无人机搭载高精度 GPS、IMU、激光扫描系统等，沿电力廊道走向进行数据采集，获取流程如图 2-5 所示。根据飞行区特点，利用激光雷达扫描设备自带的飞行控制软件设计出高效、合理的数据采集方案，包括飞行范围、飞行高度、航速、激光发射脉冲频率等。为获取实验区高质量、完整的数据集，数据采集中对因漏扫、GPS 信号丢失、飞行姿态剧烈变化、航线偏差、航线弯曲等导致激光雷达数据失效的情况进行自动监视和报警。

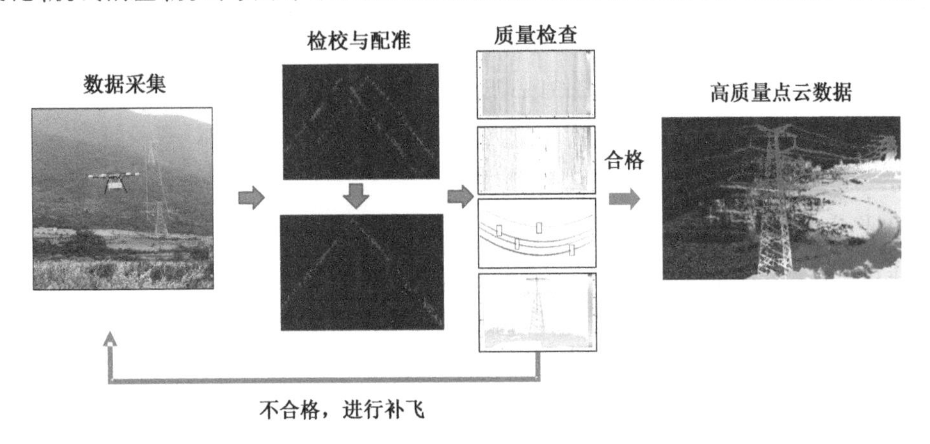

图 2-5 基于机载 LiDAR 输电线路高质量点云数据获取流程

1. 无人机及激光扫描仪选择

在进行数据采集飞行前，需要根据任务需求及应用目的，选择合适的无人机飞行器及在其平台上搭载的激光扫描仪。一般来说，对于小尺度范围及飞行高度要求不高的情况，选择旋翼型无人机，其拥有垂直起降、操作简单、性能优良的特点。对于范围较大，以及有大的高耸的山区等需要飞行高度较高的情况，可以选择固定翼无人机，甚至选择燃油机等续航更长的设备。此处，本书项目使用的是旋翼型无人机，可搭载 5 kg 以上载荷，飞行时间在 30 min 以上。

对于激光扫描仪，应在无人机承重范围及预算成本范围内，选择测距距离及精度最好的扫描仪，以确保获取的点云质量较好。通常情况下，对于输电通道场景数据采集，应选择测绘级激光扫描仪，测距精度应在厘米级甚至更高。

2. 航线设计

航线设计需要以安全保障、经济可靠为原则，在保证数据精度的基础上，充分分析输电走廊测区的实际情况，结合激光雷达测量设备自身特点，选择最合适的航摄参数。图 2-6 为一般航线规划的技术流程。

3. 激光检校

IMU 和激光扫描仪的相对位置偏移，会导致 IMU 记录的角度值和激光点的角度值有一定的系统误差，因此需要进行检校。检校是通过设定控制场来实现 IMU 和扫描仪的相对位置校正的过程。为确保检校的顺利进行，最好远离反射率低的区域，同时最好有建筑物在内以校准姿态位置。

4. 飞行采集

在外业数据采集时，起飞前需要注意以下几点：

（1）确保无人机停机位四周视野开阔，视场内障碍物的高度角应不大于 20°，防止 GNSS 信号无法正常接收。

（2）所有基站在测量过程中应该连续测量。

（3）确认起飞地点周围场景、路线规划、降落地点是否符合要求。确认无人机各项数据及功能正常，包括无人机及遥控器电量、GPS 卫星数目、指南针校对等。

在作业过程中，需要注意以下几点：

（1）飞手在飞行过程中注意监控飞机电量、图传及遥控信号强度、飞行数据（高度、距离、提升及平移速度）等。

（2）监护人注意监控飞手周围环境、留意路边车辆及围观群众等。

（3）飞手、监护人需同时监控飞机姿态，判断离带电设备距离及附近的干扰源，无人机与杆（塔）元件、导线的距离严禁小于 2 m。

（4）跨越导线及杆塔需从地线上方通过，禁止从线底通过或穿越相间导线通过。

（5）若需要跨越杆（塔）检查，必须将无人机升高。从杆（塔）上侧通过后下降进行作

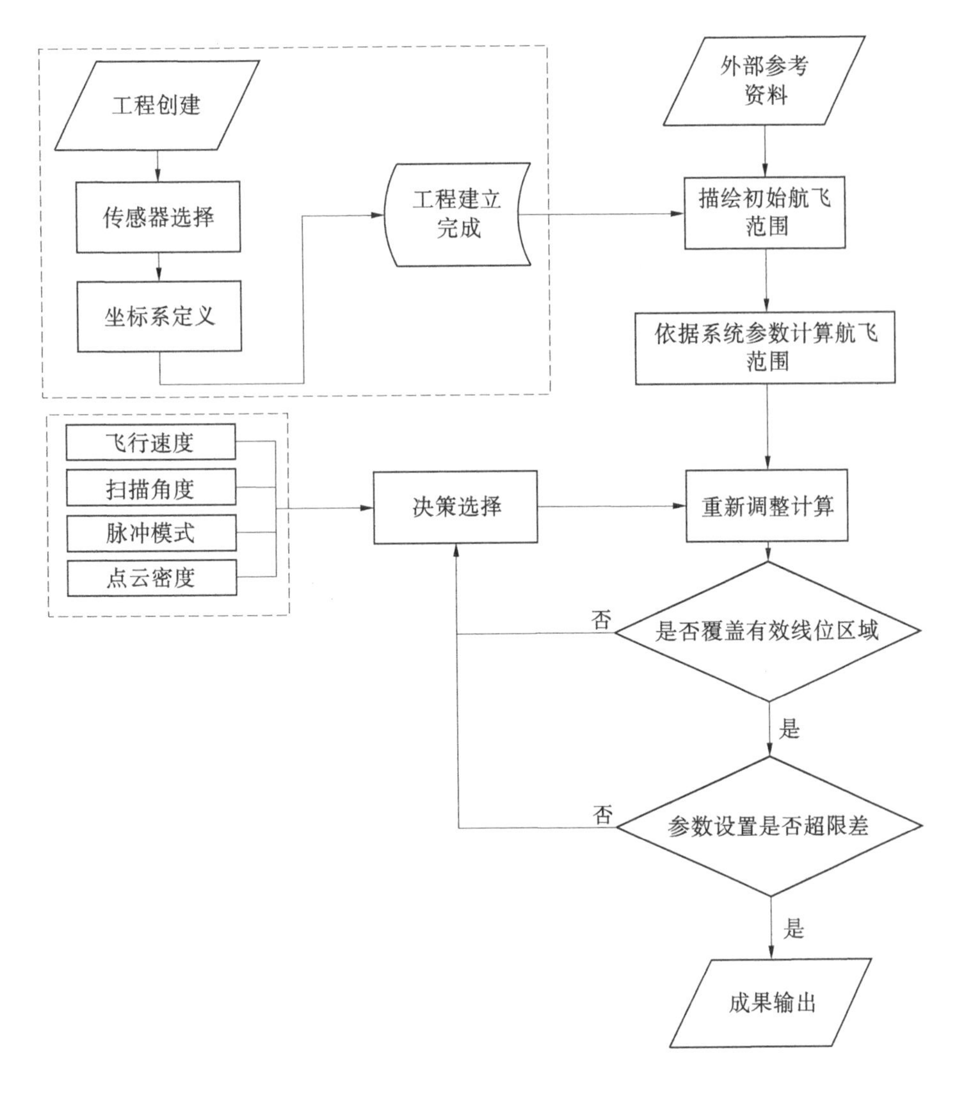

图 2-6　一般航线规划的技术流程

业。严禁采用直接从底相、相间、跳线间空隙通过等危及无人机安全的行为。

(6)严禁无人机在变电站(所)、电厂上空穿越,严禁在两回线路交叉跨越中间飞行。

(7)当无人机悬停巡视时,应顶风悬停;若对无人机姿态进行调整,监护人员要提醒飞手注意线路周围的障碍物。

(8)需要在双回路杆(塔)中间进行树木距离排查的作业时,无人机必须在双回路杆(塔)中间选点进行起飞作业,严禁在线行外选点进行起飞作业。

(9)无人机悬停作业时,严禁进入线路内侧进行悬停作业,包括导线与杆(塔)之间,水平排列单回直线杆(塔)中相内侧、三角形排列单回直线杆(塔)中相内侧。

2.1.3.2 数据解算与质量检查

1. 数据解算

飞行完毕后,需要对飞行获取的原始全波形激光雷达数据进行解算才可以得到三维点云数据,解算流程如图 2-7 所示。首先,进行基站 GPS 数据下载与备份,以及飞行日志机载 IMU 数据和原始 LAS 数据下载与备份。然后,将基站 GPS 数据、机载 GPS 数据和 IMU 数据进行联合解算,以获取记录实时飞行信息的航迹线,即 POS 数据。最后,POS 数据解算完成后,将点云的原始文件 rxp 文件和 POS 数据联合解算成 LAS 格式的三维点云数据。

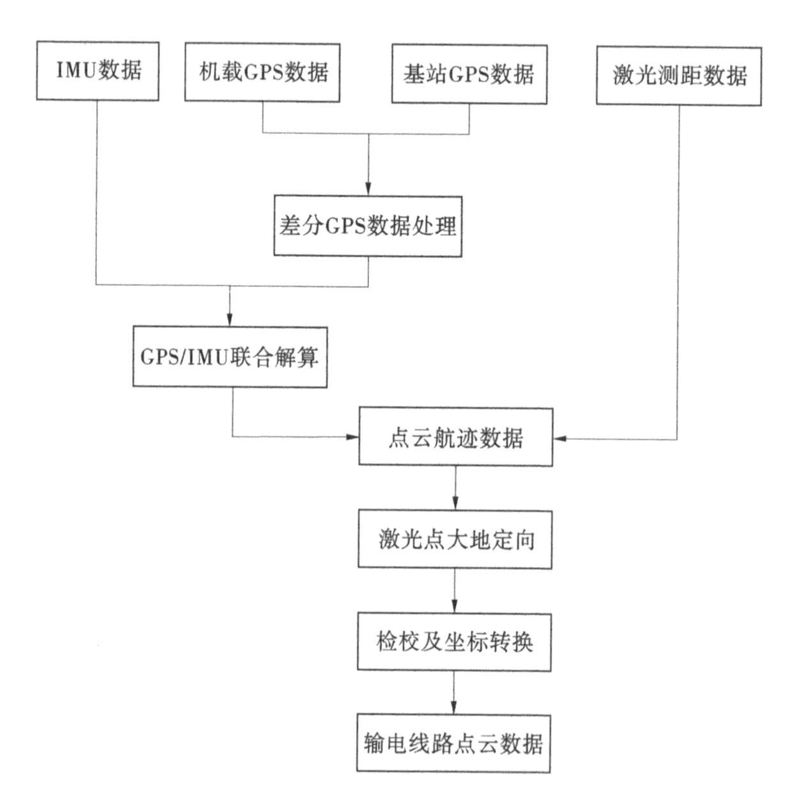

图 2-7 飞行数据解算流程

解算出三维点云后需进行航带拼接和去噪,将上述解算出的三维激光点云数据和 POS 数据导入激光雷达送电线路工程基建验收软件中进行去噪和航带拼接。

1)航迹解算

(1)在飞行区域有卫星定位连续运行基准站,并且采样频率符合要求的,收集这类基站的观测数据,联合机载 GPS 数据按照后处理精密动态测量模式进行处理,获取飞行过程中各时刻 GPS 天线的基准坐标。

(2)如果在飞行区域布设 GPS 基站,可采用国家已知 GPS 坐标点联测方式得到基站坐标,或收集基准站周围卫星定位连续运行基站观测数据及 IGS 精密星历、精密钟差等相关数据,解算获取 GPS 基准站坐标,联合机载 GPS 数据按照后处理精密动态测量模式进行处理,获取飞行过程中各时刻 GPS 天线的基准坐标。

(3)剔除姿态不佳编号的卫星,保证最终差分数据质量。

(4)基于差分 GNSS 结果与 IMU 数据进行 POS 数据联合处理,并顾及系统检校已量测的偏心分量值,解算出飞行过程中扫描仪各时刻的位置与姿态数据。

(5)导出航迹文件成果。

采用差分 GNSS 定位,IMU 数据和 GNSS 数据联合解算的平面偏差、高程偏差和速度偏差不应大于表 2-4 的规定。

表 2-4 IMU 数据和 GNSS 数据联合解算偏差限差

成图比例尺	平面偏差/m	高程偏差/m	速度偏差/(m/s)
1:2 000	0.1	0.4	0.5

采用 GNSS 精密单点定位,IMU 数据和 GNSS 数据联合解算的平面偏差不应大于 0.15 m,高程偏差不应大于 0.5 m,速度偏差不应大于 0.6 m/s。图 2-8 为航迹解算图,白色实线为飞行的实际轨迹。

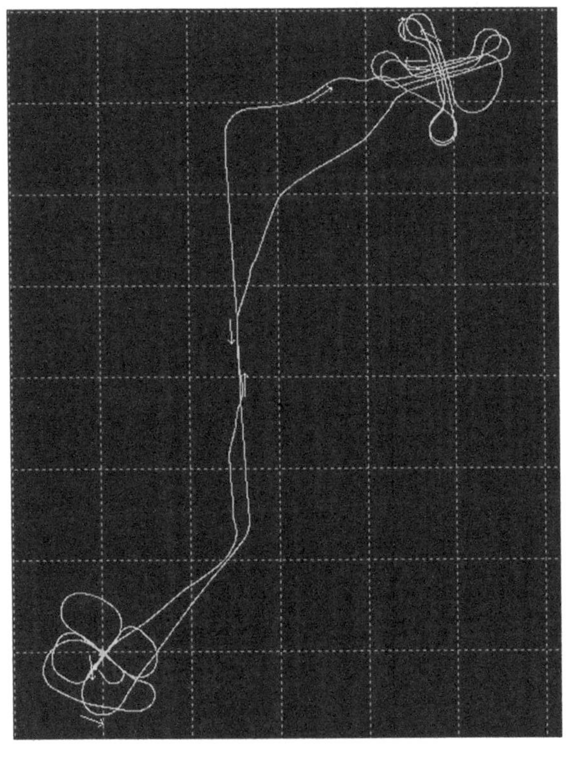

图 2-8 航迹解算

2)点云解算

点云解算处理流程包括从激光测量系统中获取原始的测量数据和定位定向系统中的实时数据,然后结合这两种数据,通过一系列坐标转换,得到激光点云在地理空间坐标系下的三维坐标,其流程如图 2-9 所示。其研究内容主要分为:①原始数据获取与转换;②点云地理空间三维坐标解算。

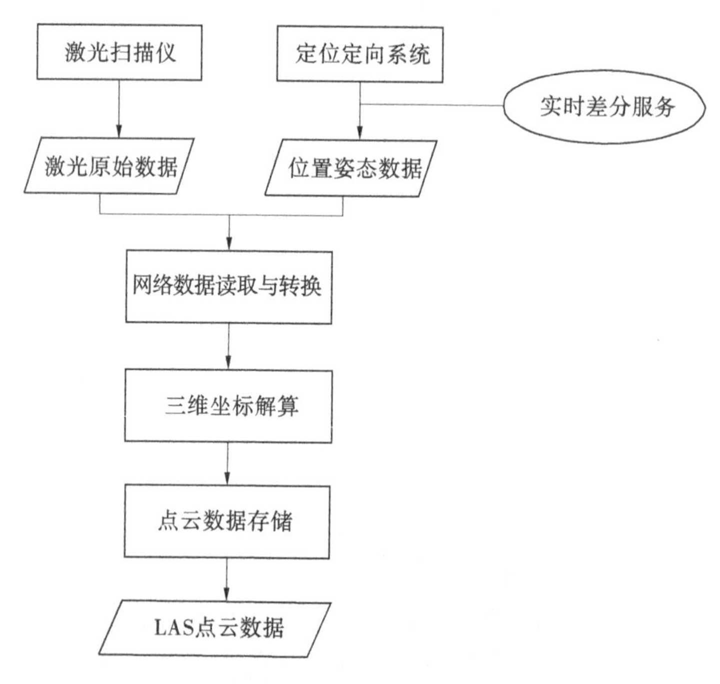

图 2-9　激光点云解算流程

激光雷达每个激光脚点对应的观测值包括激光传播的距离、扫描角及激光扫描仪的位置和姿态等,而最终提供给用户的数据是地理坐标系下的三维坐标。从激光雷达观测值到地理空间参考下的几何坐标涉及多个坐标系统及其之间的坐标转换,各个坐标系的转换如图 2-10 所示。

式(2-1)为激光点在 WGS84 空间直角坐标系下三维坐标的计算公式。

$$\boldsymbol{X}=\boldsymbol{R}_{\mathrm{W}}\boldsymbol{R}_{\mathrm{G}}\boldsymbol{R}_{\mathrm{N}}\left[\boldsymbol{R}_{\mathrm{M}}\boldsymbol{R}_{\mathrm{L}}\begin{bmatrix}0\\0\\\rho\end{bmatrix}+\boldsymbol{P}\right]+\boldsymbol{X}_{\mathrm{GPS}} \tag{2-1}$$

式中:$\boldsymbol{X}$ 为激光脚点在 WGS84 空间直角坐标系下的坐标;ρ 为扫描仪激光发射中心到目标地物的距离;$\boldsymbol{R}_{\mathrm{G}}$ 为空间直角坐标系(WGS84)IMU 参考坐标系的旋转矩阵;$\boldsymbol{R}_{\mathrm{L}}$ 为瞬时激光坐标系到扫描仪坐标系的旋转矩阵,如假设扫描角为 θ_i,则 $\boldsymbol{R}_{\mathrm{L}}$ 可表达为

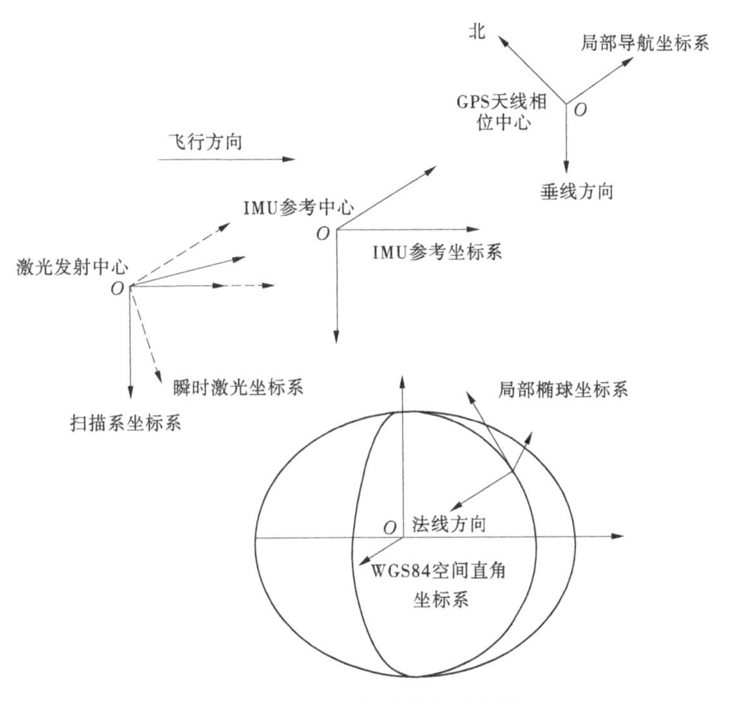

图 2-10　坐标系转换示意图

$$R_L = \begin{bmatrix} 1 & 0 & 0 \\ 0 & \cos\theta_i & -\sin\theta_i \\ 0 & \sin\theta_i & \cos\theta_i \end{bmatrix} \tag{2-2}$$

R_M 为扫描仪坐标系到 IMU 参考坐标系的旋转矩阵,设在侧滚、俯仰和航向三个方向的旋转角度分别为 α 、β 和 γ ,则 R_M 可以表示为

$$R_M = \begin{bmatrix} \cos\gamma & -\sin\gamma & 0 \\ \sin\gamma & \cos\gamma & 0 \\ 0 & 0 & 1 \end{bmatrix} \begin{bmatrix} \cos\beta & 0 & \sin\beta \\ 0 & 1 & 0 \\ -\sin\beta & 0 & \cos\beta \end{bmatrix} \begin{bmatrix} 1 & 0 & 0 \\ 0 & \cos\alpha & -\sin\alpha \\ 0 & \sin\alpha & \cos\alpha \end{bmatrix} \tag{2-3}$$

设备安装时,IMU 与扫描仪的坐标轴平行, α 、β 和 γ 一般为 90°的整数倍。矢量 P 为 GPS 偏心分量,由两部分组成,即扫描仪激光发射中心到 IMU 参考中心的矢量,以及 IMU 参考中心到 GPS 天线相位中心的矢量,两部分都是在 IMU 参考坐标系下。IMU 参考坐标系平移之后,通过旋转矩阵 R_N 转换到局部导航坐标系下。R_N 由 IMU 测量的三个姿态角[侧滚角(R)、俯仰角(P)和航向角(H)]构成,可表示为

$$R_N = \begin{bmatrix} \cos H & -\sin H & 0 \\ \sin H & \cos H & 0 \\ 0 & 0 & 1 \end{bmatrix} \begin{bmatrix} \cos P & 0 & \sin P \\ 0 & 1 & 0 \\ -\sin P & 0 & \cos P \end{bmatrix} \begin{bmatrix} 1 & 0 & 0 \\ 0 & \cos R & -\sin R \\ 0 & \sin R & \cos R \end{bmatrix} \tag{2-4}$$

因为 IMU 的重力加速度计是基于垂线方向的,因此需要进行垂线偏差改正,将坐标系变换到局部椭球坐标系下。局部椭球坐标系到 WGS84 空间直角坐标系的旋转矩阵 R_W

的变换公式可表示为

$$\boldsymbol{R}_{\mathrm{W}}=\begin{bmatrix}-\sin B\cos L & -\sin L & -\cos B\cos L\\ -\sin B\sin L & \cos L & -\cos B\sin L\\ \cos B & 0 & -\sin B\end{bmatrix}\tag{2-5}$$

B 和 L 为 GPS 天线相位中心的大地纬度和经度，$\boldsymbol{X}_{\mathrm{GPS}}$ 为 GPS 天线中心在空间直角坐标系（等同于投影坐标系）的坐标矢量，且两者可以相互转换。

通过上述坐标系的转换，将激光雷达的观测值（包括距离、扫描角、传感器的位置和姿态），转化为激光脚点在 WGS84 空间直角坐标系下的三维坐标，进而可进行投影变换转化为投影坐标系下的坐标。

航空摄影测量的成果多是基于投影坐标系的，如果 POS 提供的扫描仪姿态是经过投影变换后（投影坐标系下）的姿态角，则激光点云坐标计算公式可用下式表示：

$$\boldsymbol{X}=\boldsymbol{R}_{\mathrm{N}}\left[\boldsymbol{R}_{\mathrm{M}}\boldsymbol{R}_{\mathrm{L}}\begin{bmatrix}0\\0\\\rho\end{bmatrix}+\boldsymbol{P}\right]+\boldsymbol{X}_{\mathrm{GPS}}\tag{2-6}$$

其中

$$\boldsymbol{R}_{\mathrm{N}}=\begin{bmatrix}1 & 0 & 0\\ 0 & \cos\omega & \sin\omega\\ 0 & -\sin\omega & \cos\omega\end{bmatrix}\begin{bmatrix}\cos\varphi & 0 & -\sin\varphi\\ 0 & 1 & 0\\ \sin\varphi & 0 & \cos\varphi\end{bmatrix}\begin{bmatrix}\cos\kappa & \sin\kappa & 0\\ -\sin\kappa & \cos\kappa & 0\\ 0 & 0 & 1\end{bmatrix}\tag{2-7}$$

式中：ω、φ 和 κ 分别为投影坐标系下的姿态角；$\boldsymbol{X}$ 和 $\boldsymbol{X}_{\mathrm{GPS}}$ 分别为激光脚点和 GPS 天线中心在投影坐标系的坐标矢量。图 2-11 为经过坐标系转换后的输电线路点云数据示例。

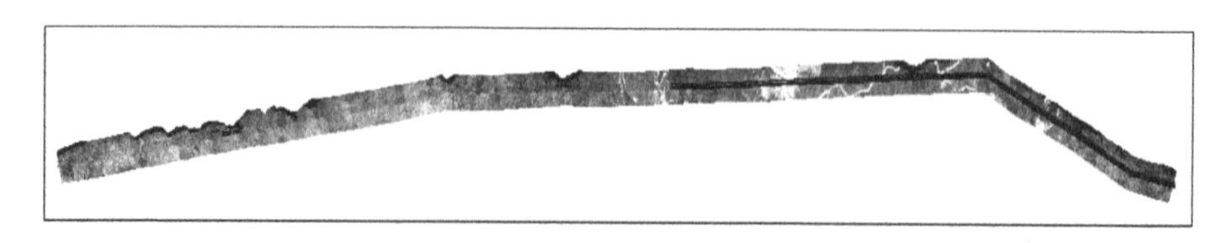

图 2-11　经过坐标系转换后的输电线路点云数据示例

2. 数据质量检查

输电线路走廊机载 LiDAR 原始点云数据具有数据量大、信息丰富、分架次呈条带状组织等特点。原始激光数据需第一时间对点云数据进行质量检验确认,点云质量检查技术路线如图 2-12 所示。如果发现异常,则需进行补飞或重新解算。该方案具有起飞点实时检查的技术手段,采集完的数据可现场进行结算、质量检查,快速打印数据质量分析报告,该过程只需要配备一台移动工作站即可。

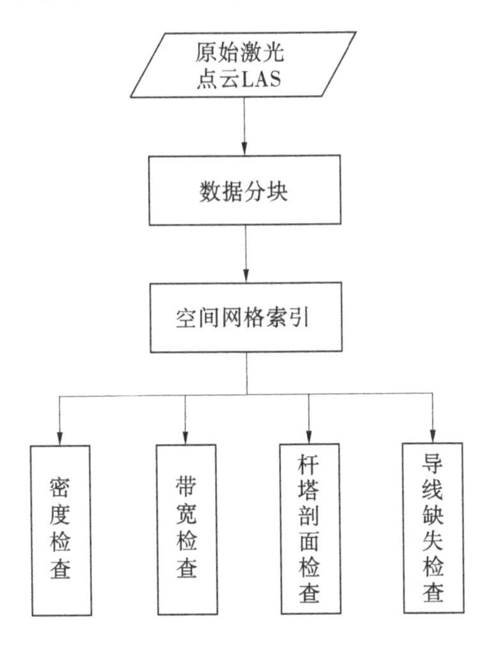

图 2-12　点云质量检查技术路线

1) 数据分块

激光扫描巡检,一个架次飞行采集的数据量已非常规配置计算机直接一次处理数。因此,有必要对电力走廊点云进行分段处理,以提高算法的自适应程度与效率。

本书采用的是“分段—逐块—流式”处理策略。首先,利用直升机的飞行轨迹文件(或者地面杆塔),将点云文件沿走向进行分段;其次,对每一段点云中的每一类数据建立硬盘索引;最后,分段按块对点云数据进行处理。

2) 空间网格索引

空间网格划分是 GIS 中常用的二维空间对象组织方法之一,按照划分规则的不同可分为均匀网格划分与不均匀网格划分。均匀网格划分是在不顾及对象的空间分布特征的前提下,将对象划分到大小固定的网格单元当中,其优点是划分时间复杂度低且易于实现。为了提高处理速度、方便调度,采用均匀网格划分方法构建点云空间索引,如图 2-13 所示。

3) 密度检查

点云密度的评价较为简单,首先通过将整块数据对应区域化为若干个基元区域后,统计基元区域的数据点个数;然后除以基元区域的面积后得到点云密度;再统计点云密度

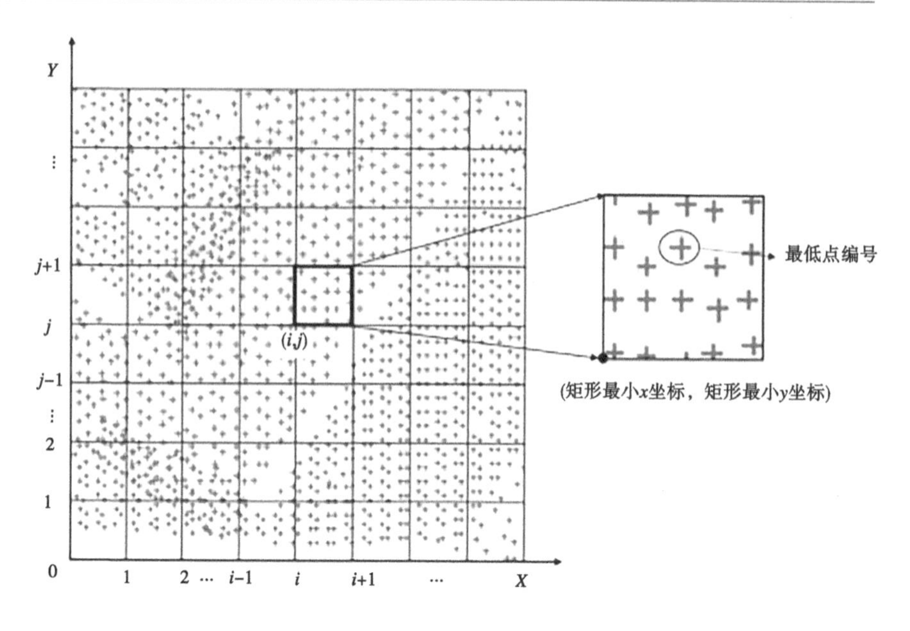

图 2-13　点云空间格网索引

值;最后构建统计分布图和直方图。划分 1 m 分辨率格网。

4) 带宽检查

输电线路走廊是指沿高压架空电力线路边导线,向两侧伸展规定宽度(带宽)的线路下方带状区域。基于密度图,利用区域生长算法,若满足缺失面积阈值,则圈定缺失区域,并统计其位置、面积信息。

5) 杆塔剖面检查

本书采用以下方案检查采集的杆塔点云数据:根据杆塔坐标,定位一定范围内的数据;对杆塔及周围的点云数据做四个方向的剖分,构成杆塔剖面截图,以检查杆塔点云数据的完整性。

6) 导线缺失检查

由于电网中不同电压等级的线路结构类型不一,电力线的粗细规格不尽相同,在输电线路走廊机载 LiDAR 数据中极易出现电力线点云密度过小乃至缺失的情况,严重影响后续电力线三维重建和危险点分析的效率和精度,对电力线点云进行缺失检测(见图 2-14)是所有质量检查工作的重中之重。

自动生成输电走廊点云质量检查报告,清晰、直观地反映走廊点云数据的密度、带宽、导线和杆塔情况。

2.1.4　地基 LiDAR 点云数据

在无人机 LiDAR 点云数据采集中,同时对输电通道使用地面三维激光扫描仪实现精

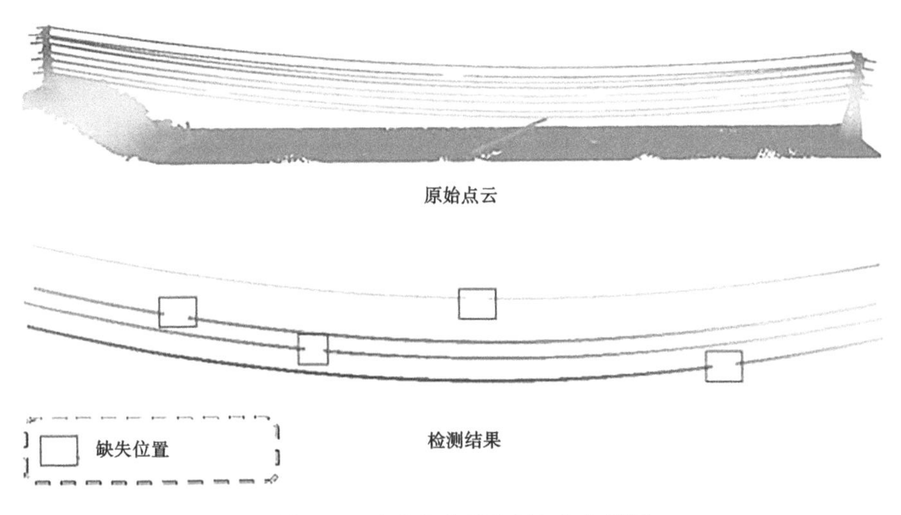

图 2-14 电力线点云分割与缺失检测

细扫描,以获取高精度、高密度林地点云数据。基于地面三维激光扫描数据,可以实现输电通道植被三维重建工作。

输电通道植被数据的采集使用 RIEGL VZ-1000 三维激光扫描仪。RIEGL VZ-1000 三维激光扫描仪运用了两个同步旋转的反射镜,这些反射镜能够迅速且有序地将窄束激光脉冲从激光发射体扫描至整个被测区域。该设备通过记录激光脉冲从发射到反射回来的时间差,来确定每个测量点到设备的距离。同时,扫描控制系统会精确控制和记录激光脉冲的发射角度,以此来计算出被测物体表面每一点的三维空间坐标,需要说明的是,该款扫描仪的垂直扫描范围 100°指-40°~+60°[99]。

在使用 RIEGL VZ-1000 三维激光扫描仪对输电通道植被进行三维激光扫描前,首先对待扫描的区域进行细致观察并熟悉周围环境,一方面可以合理规划扫描仪的摆放位置;另一方面可以同时对后期点云数据拼接所需要的靶标纸进行张贴。靶标纸张贴完毕后,根据所规划的测站位置依次对待扫描的地物进行三维激光扫描。此次数据采集方式为全景扫描,扫描模式设置为 Panorama_40,具体数据获取的流程如图 2-15 所示。所获取地面三维激光扫描数据如图 2-16 所示。

2.1.5 光学遥感数据

Sentinel-2(哨兵二号)卫星分为 Sentinel2A 和 Sentinel2B 两颗卫星,由欧洲航天局分别于 2015 年 6 月 23 日和 2017 年 3 月 7 日发射升空,主要目的在于监测陆地环境,能够提供植被生长状况、地表覆盖、水域环境等信息,还可以用于监测自然灾害等。Sentinel-2 两颗卫星具有高分辨率及高光谱成像等特点,两者均搭载了多光谱影像仪(multi-spectral instrument,MSI),飞行高度为 786 km,可拍摄 13 个光谱波段(见表 2-5),包括可见光、近

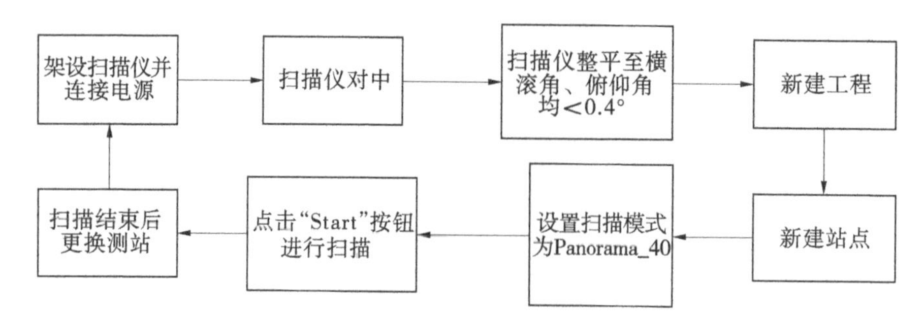

图 2-15 三维激光扫描数据获取流程

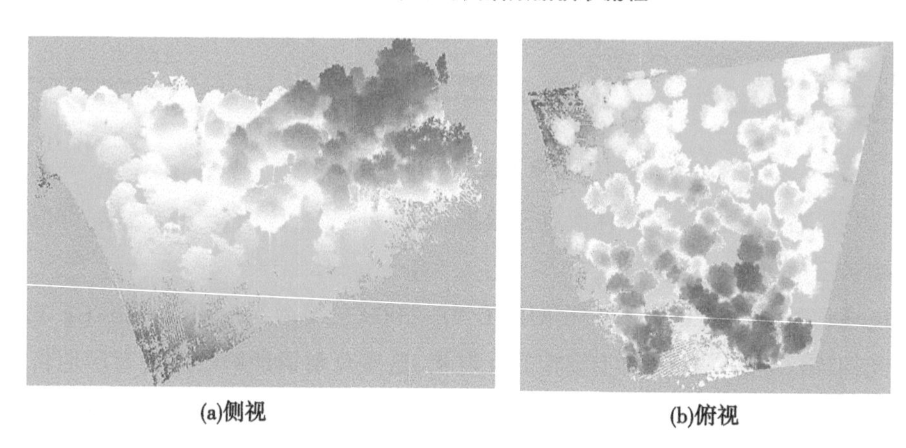

图 2-16 不同视角下地面三维激光扫描数据

红外及短波红外等,其中 3 个植被红边波段(B5、B6、B7)可用来监测植被信息。本书利用 Sentinel-2 影像提取 NDVI、DVI、NDBI、SAVI 等植被参数并将其应用到生物量制图中。

表 2-5 Sentinel-2 波段介绍

波段	波段名称	空间分辨率/m	中心波长/nm
B1	海岸气溶胶	60	443
B2	蓝	10	490
B3	绿	10	560
B4	红	10	665
B5	植被红边 1	20	705
B6	植被红边 2	20	740
B7	植被红边 3	20	783
B8	近红外	10	842
B8A	窄红近外	20	865
B9	水汽波段	60	945

续表 2-5

波段	波段名称	空间分辨率/m	中心波长/nm
B10	卷云波段	60	1 375
B11	短红外波 1	20	1 610
B12	短红外波 2	20	2 190

2.1.6 SRTM DEM 数据

航天飞机雷达地形测绘任务(shuttle radar topography mission, SRTM)获取了全球范围内高质量的高程数据,并提供空间分辨率约为 30 m 的数字高程数据集[100],该数据可通过 GEE 平台免费获取。本书借助该数据实现对研究区地面坡向、坡度、地面高程等地形信息的获取,用于后续森林地上生物量外推模型的构建及生物量制图研究[101]。

2.1.7 全球 30 m 精细地表覆盖产品

2020 年,全球 30 m 精细地表覆盖产品是由中国科学院空天信息创新研究院刘良云研究团队生产和发布的,能够满足全球范围内的应用分析,具有高精度、地表植被类型分类详细等特点,如表 2-6 所示。该产品基于 2015 年全球精细地表覆盖分类产品,结合 2019~2020 年时序 Landsat 地面反射率、Sentinel-1 SAR、DEM 地形高程、全球专题辅助等数据生成,本书使用该产品对研究区内的地表进行植被类型划分[101-102]。

表 2-6 全球 30 m 精细地表覆盖产品分类体系

ID	分类体系	ID	分类体系
10	旱地	121	常绿灌木林
11	禾木类旱地	122	落叶灌木林
12	林木类旱地	130	草地
20	水浇地	140	地表与苔藓
51	常绿阔叶林	150	稀疏植被($f_c<0.15$)
52	落叶阔叶林	152	稀疏灌木($f_c<0.15$)
61	开放落叶阔叶林($0.15<f_c<0.4$)	153	稀疏禾本覆盖($f_c<0.15$)
62	密闭落叶阔叶林($f_c>0.4$)	180	湿地
71	开放常绿针叶林($0.15<f_c<0.4$)	190	不透水面

续表 2-6

ID	分类体系	ID	分类体系
72	密闭常绿针叶林(f_c>0.4)	200	裸地
81	开放落叶针叶林(0.15<f_c<0.4)	201	硬质裸地
82	密闭落叶针叶林(f_c>0.4)	202	非硬质裸地
91	开放混交林	210	水体
92	密闭混交林	220	永久性冰雪
120	灌木林	250	填充值

注：f_c 为树冠覆盖度。

2.1.8 GEE 平台

Google Earth Engine(GEE)是由谷歌、卡内基梅隆大学和美国地质调查局(USGS)合作研发的处理卫星遥感影像和地球观测数据的云端运算平台，具备强大的计算能力和大范围的云计算资源，提供了完整的影像数据，例如 Sentinel、MODIS、Landsat 等，并能够实时更新，可以直接在线调用所需要的数据，代替传统的根据来源网站搜索下载所需要的数据，能够实现在线云计算。

2.2 多源遥感数据预处理

2.2.1 ICESat-2 数据预处理

2.2.1.1 光子点云去噪

由于光子计数激光雷达在对光子进行探测时具有极高的灵敏度，除在接收地物反射光子外，容易受到仪器本身、太阳噪声等影响，接收大量噪声光子[103]。

已知星载光子计数雷达进行数据采集时，除对信号聚集分布的信号光子进行记录外，同时会记录大量的噪声光子。目前，多数去噪算法，从光子点云的空间分布出发，认为信号光子在空间中密集分布，而噪声光子在空间中相对稀疏，以此利用空间密度统计和聚类的方法，通过设定一个参数阈值，算法能够将原始光子数据分为两类：信号光子和噪声光子。在对 ICESat-2 光子点云去噪时，可依据此特性，通过空间分割不断对一定分段内的光子数据进行四叉树划分，将各光子进行分隔。由于光子信号密集而噪声信号相对稀疏，因此光子信号相对于噪声信号更加难以被“孤立”，通过比较孤立过程的难易情况将数据中的信号光子与噪声光子分离。图 2-17 为四叉树光子去噪“孤立”原理。

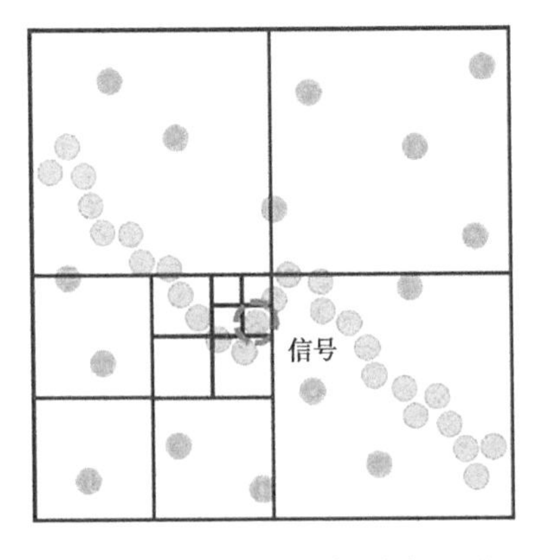

(a)信号点经四层四叉树才实现孤立

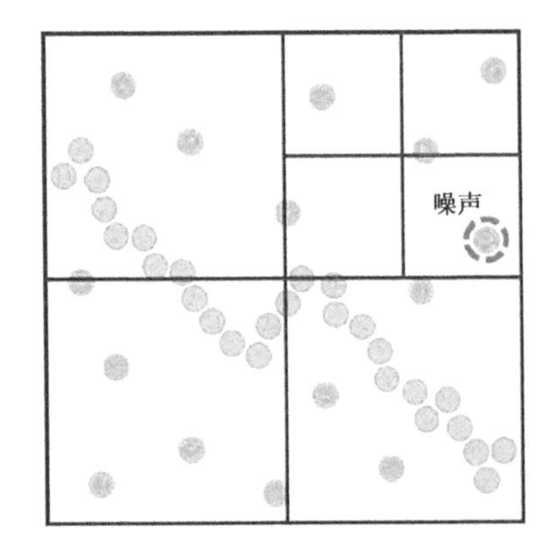

(b)噪声点经两层四叉树实现孤立

图 2-17 四叉树光子去噪“孤立”原理示意图[94]

主要处理步骤如下。

1.基于高程频数直方图的粗去噪

为了优化处理流程并降低计算负担,首先利用高程频数直方图筛选出并移除数据中的明显噪声光子。在星载光子计数激光雷达数据中,噪声光子的高程分布范围通常远大于信号光子,且呈现随机分布。相比之下,信号光子则紧密反映地面轮廓,仅在一个较窄的高程区间内集中。通过将光子数据按照卫星轨道方向分段,并统计各段的高程频数,可以发现信号光子主要聚集在直方图中高程统计值最高的区域。而当光子数据的高程值开始偏离这一最高值时,其被判定为信号光子的概率也随之大幅下降。因此,可以将高程频数直方图中$[\mu_R-\sigma_R,\mu_R+\sigma_R]$作为信号光子缓冲区,其中$\mu_R$为直方图中的高程均值,$\sigma_R$为高程标准差,将信号缓冲区外的光子作为噪声光子去除。原始光子点云如图 2-18 及

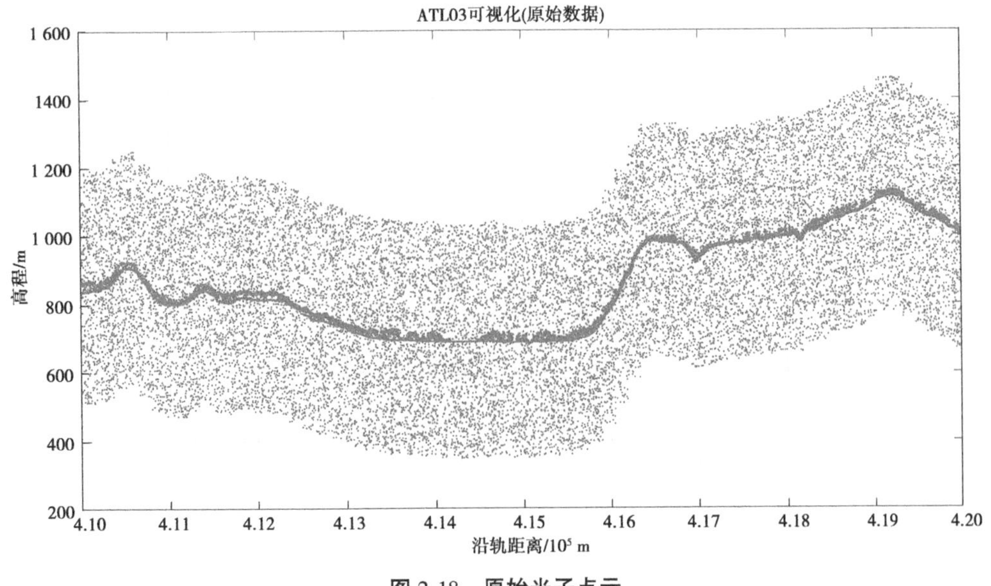

图 2-18 原始光子点云

图 2-19 所示。可以明显看到,远离信号光子的高空噪声被剔除。

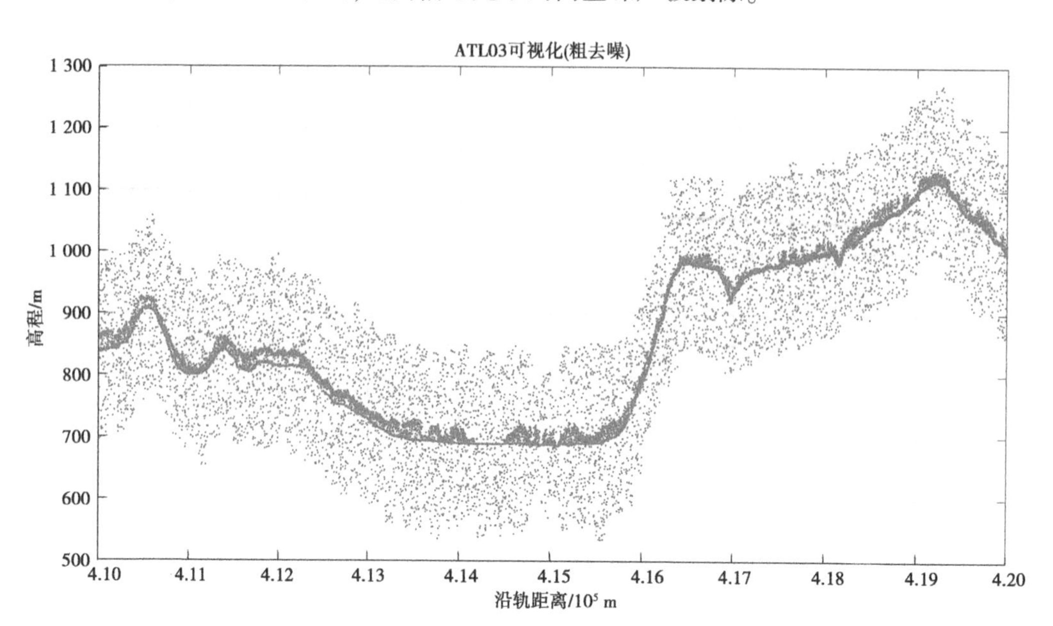

图 2-19　粗去噪光子点云

2. 四叉树光子点云去噪

四叉树孤立算法的核心在于它采用了一种与空间统计算法截然不同的方法来处理光子数据。这种算法通过递归将光子分布空间划分为四个等大的子空间,而不是计算每个光子的聚类密度。在这个过程中,构建了一个四叉树结构来有效地组织和评估光子的孤立程度,进而提取信号光子。这种方法的优势在于它不需要预设搜索邻域或阈值参数,使得算法能够更好地适应地表环境变化带来的光子分布变化。

具体来说,四叉树孤立算法首先将光子分布空间分割成四个子空间,然后检查每个子空间内的光子数量。如果一个子空间内的光子数量超过一个,该子空间就会继续被分割,直到每个子空间内的光子数量不超过一个。通过这种方式,每个非空的叶子节点最终都会包含一个孤立的光子,而整个四叉树结构则提供了一个高效的方式来管理和解析光子数据。这样的处理不仅提高了数据处理的效率,还增强了算法对数据变化的适应性。总之,基于四叉树孤立的信号光子提取算法的步骤可以归纳为:

(1)处理单元设定。选取 20 m 长度的光子数据段作为基本处理单元。

(2)空间分割。通过四叉树空间分割方法,将处理单元内的光子进行孤立。

(3)四叉树构建。依据空间分割的结果,建立孤立四叉树,计算每个光子的孤立深度。

(4)二分类。应用最大类间方差法,根据光子的孤立深度将其分为信号光子和噪声光子两类。

最大类间方差法的计算公式如下：

$$\sigma^2 = \omega_0(t)[\mu_0(t) - \mu(t)]^2 + \omega_1(t)[\mu_1(t) - \mu(t)]^2 \tag{2-8}$$

式中：$\omega_0(t)$ 为信号光子比例；$\omega_1(t)$ 为噪声光子比例；$\mu_0(t)$ 为信号光子孤立深度均值；$\mu_1(t)$ 为噪声光子孤立深度均值；$\mu(t)$ 为当前整体光子的孤立深度均值。

通过不断迭代信号光子数量，更新孤立深度均值，计算当前类间方差 σ^2，当 σ^2 最大时，孤立深度视为最优的孤立深度阈值，即大于或等于此孤立深度阈值的光子定义为信号光子，小于该孤立深度阈值的光子定义为噪声光子。根据上述操作进行四叉树去噪后的光子如图 2-20 所示。

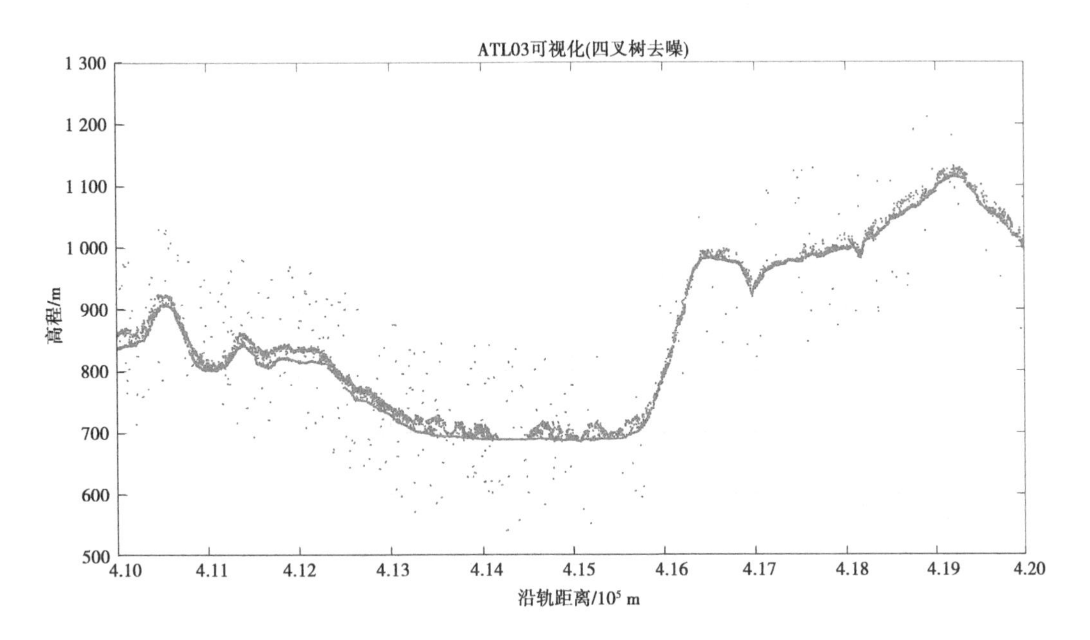

图 2-20　光子点云四叉树去噪效果图

3. 高程分布特征的异常信号剔除

在处理星载光子计数激光雷达数据时，面临着由空气悬浮物、地表多次散射产生的离群光子簇的挑战。这些离群光子簇虽然与信号光子相距较远，但由于它们在空间上的聚集特性，可能被误识别为信号光子，从而导致提取的信号光子结果中包含噪声。为了解决这一问题，采用了信号光子的后处理步骤。

这一步骤中，重新统计光子的高程分布特性，并计算信号光子的高程均值与标准差，将高程分布在 $[\mu_R - 3\sigma_R, \mu_R + 3\sigma_R]$ 外的光子视为异常信号并剔除。然后，针对非常顽固的少量离群噪声光子，通过计算高程四分位数来设置高程阈值，同样采用分窗口的方式进行去噪处理。具体而言，箱线图的上下限计算公式如下[94,104-105]：

$$U_{\text{limit}} = Q_3 + 1.5(Q_3 - Q_1) \tag{2-9}$$

$$L_{\text{limit}} = Q_1 - 1.5(Q_3 - Q_1) \tag{2-10}$$

式中：Q_1 和 Q_3 分别为窗口内所有光子高程的下四分位数和上四分位数。

通过这一方法，能够有效地去除离群的噪声光子，从而提高信号光子的提取准确性，最终提取信号光子，如图 2-21 所示。

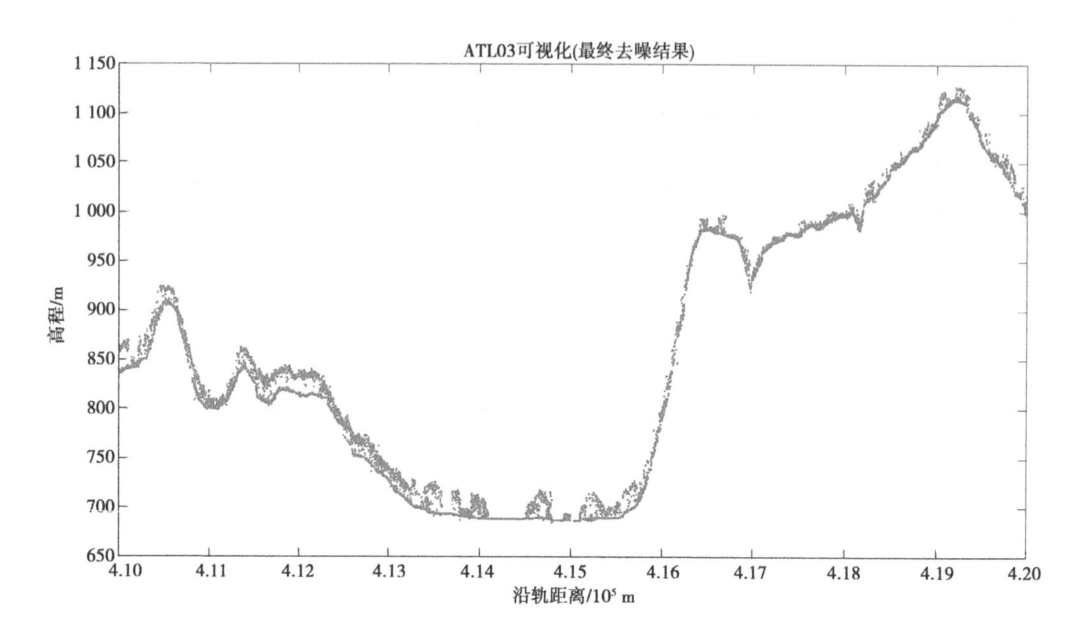

图 2-21　基于四叉树光子点云去噪

2.2.1.2　光子点云关联

在 ICESat-2 光子点云数据中，ATL03 数据集是以每 20 m 沿轨迹距离划分的区段来组织的，而 ATL08 数据集则是每 100 m 划分一次，如图 2-22 所示。这意味着，每个 100 m 的 ATL08 数据区段实际上是由 5 个 20 m 的 ATL03 数据区段组成的。在 ATL03 和 ATL08 数据中，这些 20 m 的分段通过段号(segment_id)相互连接[106]。

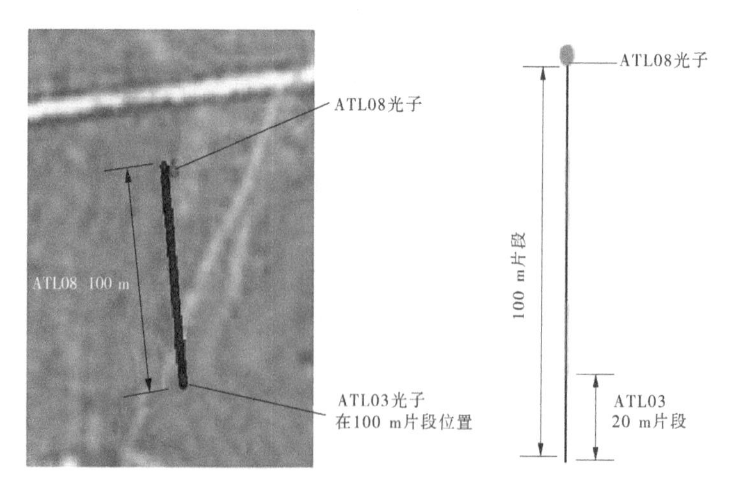

图 2-22　ATL08/ATL03 数据示意图

ATL08 数据产品提供了光子的高程和分类信息，而 ATL03 数据产品则详细记录了光子的高程和位置信息。为了获得一个综合数据集，需要将 ATL08 的分类信息与 ATL03 的高程和位置信息相结合。这样，就可以创建一个新的数据集，其中每个光子都有完整的分类、高程和位置信息。

在 ATL03 数据产品中，每个光子通过两种索引方式进行标识。第一种是基于光子的 GPS 时间顺序，为每个光子分配一个连续的编号，这被称为光子序号。第二种是基于沿轨迹的距离，每 20 m 划分为一个区段，并为每个区段分配一个编号，同时记录每个区段的起始光子序号。而在 ATL08 数据产品中，每个光子只有一种索引方式，即按照沿轨迹每 100 m 划分的区段编号，以及在该区段内的相对序号。

为了将 ATL08 数据与 ATL03 数据相关联，需要遍历 ATL08 数据中的每个光子，使用区段编号来匹配两个数据集中相同的区段。然后，可以通过将 ATL03 数据中的起始光子序号与 ATL08 数据中的相对光子序号相加（减去 1 以调整索引），来为 ATL08 中的每个光子找到对应的 ATL03 光子序号。这样，就能将 ATL08 的分类信息与 ATL03 的高程和位置信息结合起来，得到一个完整的数据集，相互关联规则与结果如图 2-23、图 2-24 所示。

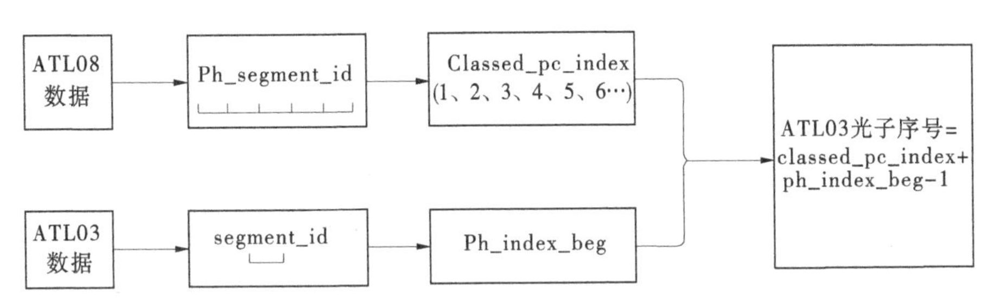

图 2-23　ATL08/ATL03 数据关联规则

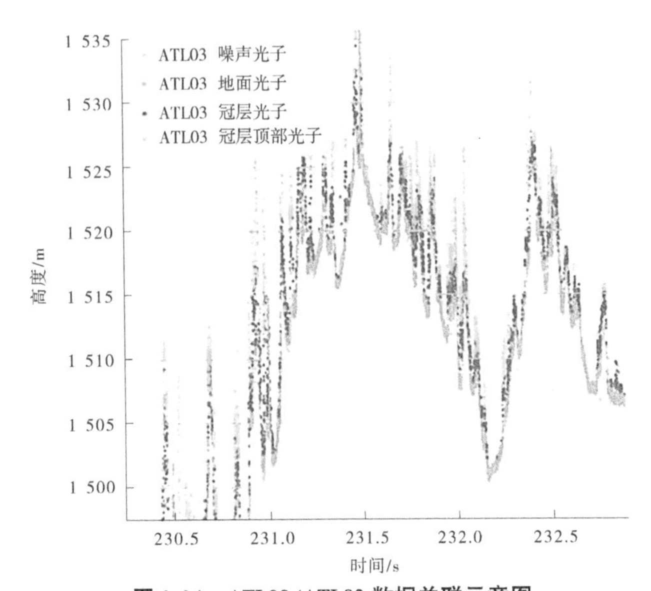

图 2-24　ATL08/ATL03 数据关联示意图

2.2.2 GEDI 数据处理

2.2.2.1 波形分解

激光发射信号被光斑范围内的各地物目标反射与相互叠加，并按一定时间间隔记录而形成接收波形数据。通常不同地物目标产生不同尺度的高斯波形信号，而激光器接收的回波数据可视作光斑范围内多个高斯波的信号叠加。虽然已有波形分解算法可检测并分离光斑内的大部分地物目标信号，但对于微弱信号和信号严重叠加的目标仍然是巨大挑战。本书拟提出基于小波变换的高斯递进波形分解算法，利用小波变换的微弱信号检测优势和 LM（Levenberg-Marquardt）算法的快速收敛特点，解决重叠信号分离和地面弱信号提取的难题，具体步骤（见图 2-25）如下[107]：

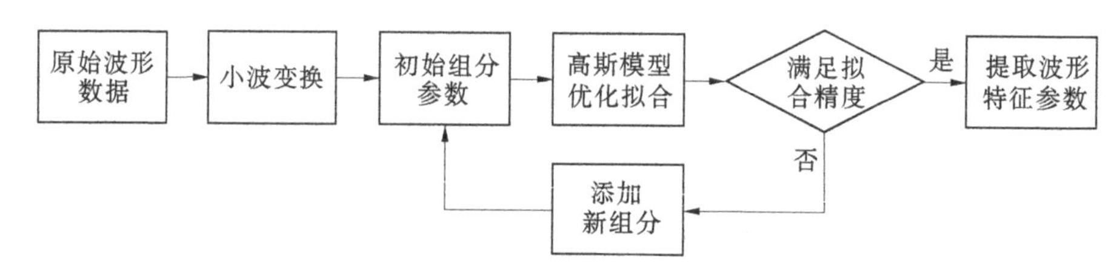

图 2-25　波形分解原理示意图

（1）为了精确识别波峰并估计初始参数，计划采取的策略是使用 sym6 小波对 GEDI 波形数据执行小波变换。这一过程将波形拆解为两个主要成分：低分辨率的逼近信号，捕获波形的基本轮廓；高分辨率的细节信号，揭示波形的微妙特征。此外，通过多尺度分析，可以确定波形的组成元素数量及其初始参数：

$$\begin{cases} W_{f(a,b)} = \int_{-\infty}^{\infty} f(t)\psi_{a,b}(t)\,\mathrm{d}t \\ \psi_{a,b}(t) = \dfrac{1}{\sqrt{a}}\psi\left(\dfrac{t-b}{a}\right) \end{cases} \tag{2-11}$$

式中：$\psi(t)$ 为基本小波或母小波；$\psi_{a,b}(t)$ 为小波函数；a 为尺度因子；b 为位置因子；$W_{f(a,b)}$ 为$f(t)$ 在尺度 a 下的高频逼近，也可称为小波系数，反映小波函数在尺度 a 下位置 b 处与原始波形数据的相似性，小波系数越大，此时表明其相似性越高。

（2）高斯模型优化拟合。计划使用高斯函数对 GEDI 波形的各个组分进行建模，并选取最大幅值的组分作为起始参数。然后，采用 LM 算法，在非线性最小二乘的框架下对波形数据进行精细的优化拟合，确保模型能够准确地反映波形的实际特征，即

$$f(t) = \sum_{i=1}^{n} a_i \exp\left[-\frac{(t-c_i)^2}{2\sigma_i^2}\right] + \varepsilon \tag{2-12}$$

式中：a_i、c_i、σ_i 分别为第 i 分量的振幅、中心位置、半高宽；ε 为背景噪声；$f(t)$ 为 t 时刻的

回波强度。

(3)迭代优化。判断拟合精度是否满足要求,若满足要求则停止,否则重复上一步骤,将本次迭代结果作为下次迭代的初始信息,直到满足精度要求。

(4)波形特征参数提取。在完成多尺度小波变换和高斯逐步波形分解之后,能够获得波形的详细解数据。这些数据能够精确地识别出波形的关键特征,包括组分的数量、振幅、宽度和中心位置等参数。

2.2.2.2 波形特征提取

鉴于星载 LiDAR 数据具有大光斑、全波形特性,对于 GEDI 数据和陆地碳卫星数据,本书拟提取包括波形高度指数(波形百分位高度指数、波峰长度)、波形能量指数等能够表征植被结构的波形特征参数,如表 2-7、图 2-26 所示。其中,波峰长度 H_{wd} 为第一个与最后一个波峰之间的距离。为了计算波形百分位高度指数,本书拟测量信号起始点到地面波峰之间的有效信号能量总和。然后,从地面波峰开始,逐步累积回波信号的能量。在特定位置,计算该点的累积能量与有效总能量的比率。这个比率,连同该点到地面的距离,共同定义了波形的百分位高度[108]。地面回波能量比例 R_{groud} 是地面回波能量 e_{ground} 与回波总能量 e_{echo} 的比值,冠层回波能量比例 R_{canopy} 表示冠层回波能量 e_{canopy} 占回波总能量 e_{echo} 的比例。上述波形特征参数提取的关键是获取地面位置,拟在波形分解基础上,利用基于连续小波变化的地面回波识别和地面高程提取方法实现山地林区地面位置的精准提取。

表 2-7 波形特征参数

特征参数	描述	特征参数	描述
H_{25}	波形 25%百分位高度	H_{95}	波形 95%百分位高度
H_{50}	波形 50%百分位高度	H_{98}	波形 98%百分位高度
H_{60}	波形 60%百分位高度	H_{100}	波形 100%百分位高度
H_{70}	波形 70%百分位高度	H_{wd}	波峰长度
H_{75}	波形 75%百分位高度	e_{ground}	地面回波能量
H_{80}	波形 80%百分位高度	e_{canopy}	冠层回波能量
H_{85}	波形 85%百分位高度	R_{ground}	地面回波能量比例
H_{90}	波形 90%百分位高度	R_{canopy}	冠层回波能量比例

波形高度指数主要反映植被垂直结构信息,而波形能量指数更多反映冠层平面结构信息。鉴于生物量与冠层垂直结构和冠层平面结构密切相关,本书将在波形高度指数和波形能量指数的基础上,融合两者的优势设计新的波形特征参数。

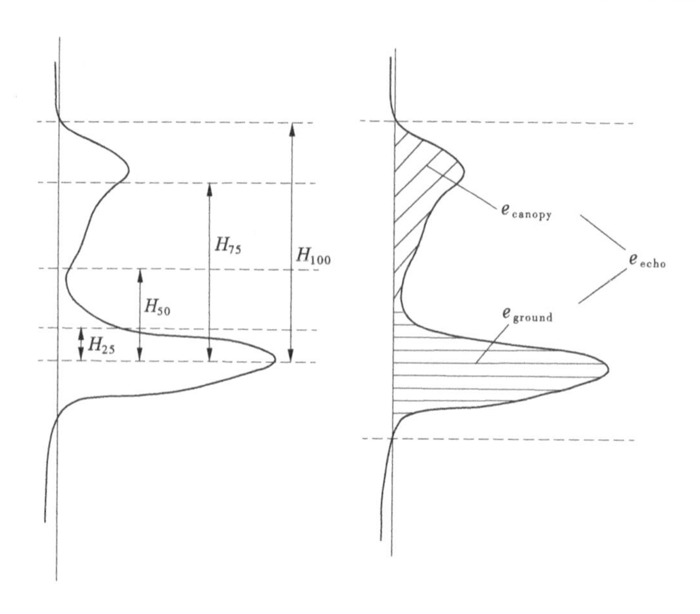

图 2-26　波形特征提取示意图

$$\begin{cases} R_{\text{ground}} = \dfrac{e_{\text{ground}}}{e_{\text{echo}}} \\ R_{\text{canopy}} = \dfrac{e_{\text{canopy}}}{e_{\text{echo}}} \end{cases} \tag{2-13}$$

处理数据前,对包含 GEDI L4A 数据的 h5 文件按照每条轨道对应的字段信息进行光斑参数的提取,如表 2-8 所示。其中,经度、纬度进行位置确定,对应光学遥感数据的栅格单元;提取 GEDI L4A 数据中地上生物量字段,用作后续地上生物量制图的因变量;之后对光斑点进行处理,处理包括以下部分:①按照提取到的经纬度信息根据研究区 *.shp 边界文件,对研究区内的光斑进行初步筛选;②根据提取到的“l4_quality_flag”字段,对研究区内 GEDI L4A 数据做进一步筛选。该字段为数据的四级质量标签,它对最有用的生物量选择做了简化,所以依据此字段选择 l4_quality_flag = 1 的优质光斑点。

表 2-8　GEDI L4A 产品参数提取列表

参数	参数名称	参数描述
lat_lowestmode	纬度	最低模态中心纬度
lon_lowestmode	经度	最低模态中心经度
agbd	地上生物量密度	地上生物量密度
l4_quality_flag	四级质量标志	标记最有用生物量预测的选择

2.2.3 机载 LiDAR 点云数据预处理

2.2.3.1 三维点云滤波去噪

1. 点云去噪

受到扫描设备精度、环境因素、电磁波衍射特性、被测物体表面性质变化等因素的影响,点云模型中的最小单元——点,不可避免地存在噪声。此外,由于受到视线遮挡、障碍物等外界因素的影响,也往往存在一些远离目标点云的离群点。噪声点和离群点会严重影响局部点云特征(如表面法线、曲率)的计算精度,从而影响点云配准、目标提取、模型重建等点云处理的结果。

1) Statistical Outlier Removal(SOR)滤波器

SOR 滤波器的作用是识别并移除数据中的异常值。这一过程基于点云数据内部的密度分布,其中密集区域的点云密度较高,稀疏区域则相反。通过计算每个点到其最近的 k 个邻居的平均距离,可以量化每个点的局部密度。当点的密度低于特定的阈值时,该点被认为是离群点,并从数据中剔除。具体步骤如下:

(1)对于每个点,找到其最近的 k 个邻居并计算到这些邻居的平均距离。

(2)假设点云的密度遵循高斯分布,以所有点的平均距离和标准差为基础,确定一个距离阈值,通常是平均距离加上 1~3 倍的标准差。

(3)将每个点的平均距离与距离阈值比较,超过这个阈值的点被视为离群点并被剔除。这样,就能清洁数据,去除那些可能扭曲分析结果的异常值。

2) Radius Outlier Removal(ROR)滤波器

ROR 滤波器的原理是基于给定半径内的邻域点数量来判断一个点是否为离群点。如果一个点在其周围指定的半径范围内的邻近点数量少于预设的阈值,那么这个点就会被认为是离群点,并从点云数据中剔除。设置邻域点阈值为 N,逐个以当前点为中心,确定一个半径为 d 的球体。计算当前球体内邻域点的数量,数量大于 N 时,该点被保留;反之就被剔除。

Radius Outlier Removal 算法实现的主要过程如下:

(1)计算输入点云中每个查询点的 d 邻域内邻域点数量,记作 k。

(2)设置点数阈值 K。

(3)若 $k<K$,则标记该查询点为离群点;若 $k \geq K$,则保留该点。

根据上述两个去噪算法的原理,其效果如图 2-27 所示。

图 2-28 为一段输电通道获取的三维点云数据。可以看到,其有着较为明显的离群点和噪声点。在对三维点云数据进行去噪处理时,由于点云数据量大,为了提高运算性能,本书在上述去噪算法的基础上,构建二维格网。然后,对格网内部进行批处理和多线程并

行运算，以提高噪声处理的效率。使用该方法进行去噪，前后对比如图 2-28 所示。

(a)原始点云

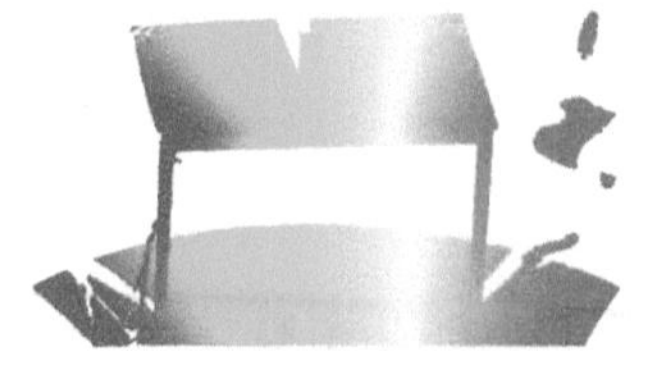

(b)SOR剔除结果(k=50,d=1.0)

(c)ROR剔除结果(d=0.05,K=100)

图 2-27　点云去噪算法剔除离群点效果

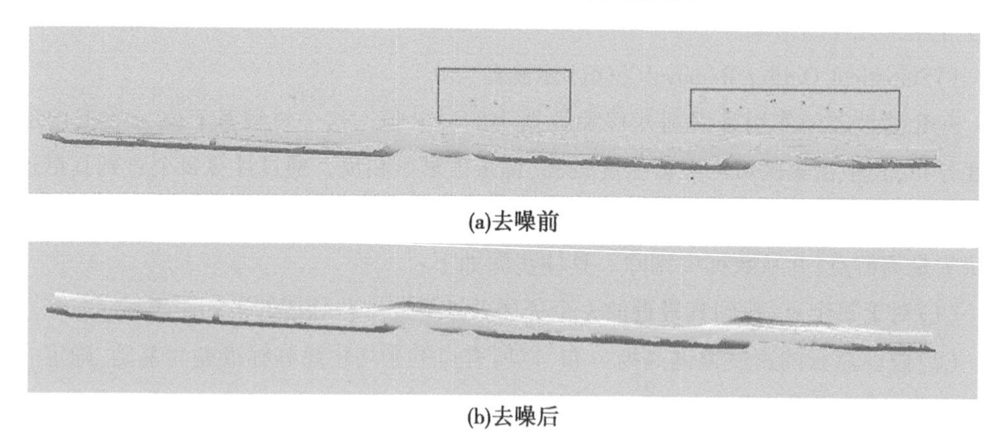

(a)去噪前

(b)去噪后

图 2-28　点云去噪前后对比

2. 点云滤波

点云滤波处理主要完成点云数据中地面点云和非地面点云的分割。近 20 年来，国内外学者针对机载激光雷达点云数据滤波处理开展了较为深入的算法研究。针对机载激光雷达点云数据，目前常用的算法主要包括数学形态学滤波、递进式滤波、迭代内插滤波及分割点云滤波处理方法。

1）数学形态学滤波方法

此类方法结合了在图像处理中成熟应用的膨胀和腐蚀算子，两者组成在形态学中的开运算和闭运算算子。该方法使用一个移动的窗口，在沿着剖面进行移动的过程中，分别利用两个算子对点云进行处理以分割地面点与非地面点。国内外学者也对此类方法做了相应的改进，例如：为了更好地适应高程差对滤波的影响，根据激光点邻域内高程和坡度差构造差别函数限制可接受的最大高程变化；为了更好地适应更多场景，引入了自适应坡度的移动窗口算子等。

2）递进式滤波方法

递进式滤波反复的基本思想是：首先获得一部分地面点；然后根据获得的地面点进行

递进式的搜索和拓展，直到所有的点云都处理完为止。滤波开始时，首先选取研究区域内的高程较低的一些点构建一个稀疏的不规则三角网；然后逐步对位于三角形中的点进行判断，若满足某个预先设定的阈值条件，该点即被认为是地面点并被添加到不规则三角网中；后续学者对此类方法进行了改进，如：利用研究区域内四角的点为种子点，然后进行递进式的搜索滤波；利用基于递进式加密 TIN 的方法进行滤波处理。此类算法的共同点在于首先采用了一种逐点递进式的滤波方式；其次，此类算法都需要逐步获得一个数字地面模型，进而分割地面点和地物点。

3）迭代内插滤波方法

此类方法对点云的内插和分割同步进行。首先假设所有的点都是地面点；然后通过迭代内插逐步提高或者减少对模型影响较小的点，进而实现优化滤波结果的方法。整个过程主要包括三步：①对研究区域内每个点的权值进行均等初始化，并且采用低维多项式进行内插构建模拟地形面；②对每个点相对地形模型的距离进行计算；③根据距离的计算结果重新对每个点的权值进行更新。如上三个步骤迭代进行，直到每个点的权值没有太多变化为止。最后根据所计算的权值分割地形点和地物点，权值阈值依据所有点的残差直方图来确定。此类算法可以提取较好的趋势面进而分割地面点和非地面点。

4）分割点云滤波方法

分割点云滤波方法的对象是已经分割后的点云簇。基本的滤波处理流程可分为两步：①通过诸如区域生长等算法生成具有类似属性的点云簇。②将分割生成的点云簇分类为地面点和地物点。一般地，分割点云可在目标空间中由诸如区域生长的方式完成，也可以在属性域中由点云间的相似性进行聚类等方法实现。此类滤波算法首先将点云分割成一系列不同方向的剖面；然后将符合条件的剖面连接成线片段。③将不同剖面上的线片段进行聚类组合，实现点云的分割。针对机载激光雷达点云数据，引入了内嵌地形光滑度因子的点云分割进行滤波的算法。不同于经典递进式 TIN 加密算法中只选择最低点作为种子点后就进行 TIN 构建，该方法依据地形光滑度因子尽最大可能增加种子点，然后减少迭代次数，并最终实现点云滤波处理。

由于输电通道场景是复杂多样的，其包括平坦地面、山坡、丘陵、山地、陡坡等多种地形地貌。因此，为了确保点云数据的正确滤波，本书设计研究了多个点云滤波算法，并将其嵌入到软件原型中，以满足不同地貌下的滤波需求。在调研现有滤波方法的优劣基础上，设计集成了布料模拟滤波、移动曲面滤波、形态学滤波、坡度滤波及三角网滤波等 5 种滤波方法。滤波方法在软件中的界面如图 2-29 所示。

CSF 滤波通过地形“质点”本身的重力和质点间的内力作用，迭代模拟每个地形“质点”移动的物理过程，确定地面点。形态学滤波基于形态学中的开运算（先腐蚀后膨胀）对点云数据进行处理，具体包括栅格化、形态学扩张、滤波、高程阈值判定等步骤实现地面

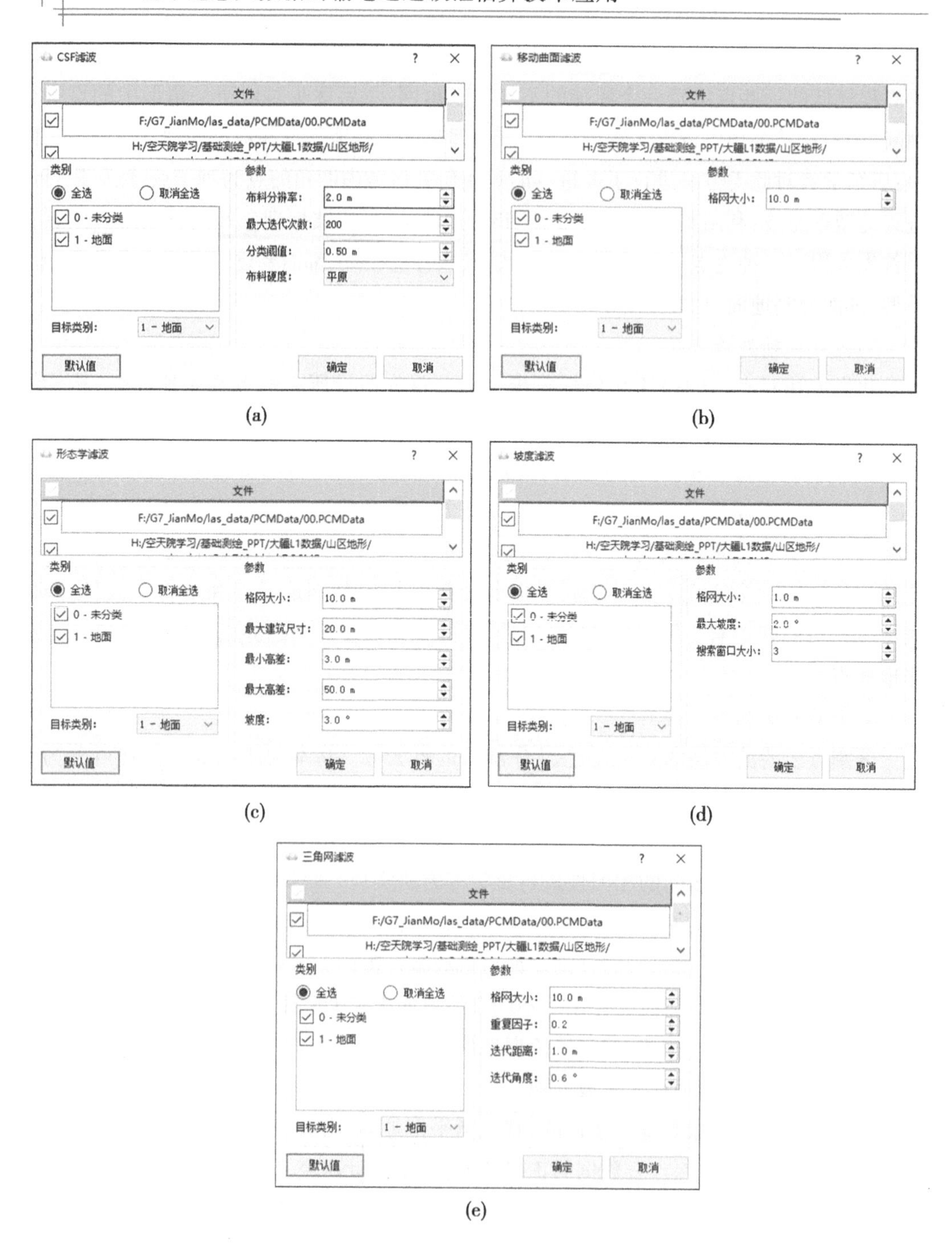

(a) (b) (c) (d) (e)

图 2-29　滤波方法在软件中的界面

点的分离。坡度滤波比较待判断点与其邻近点间的坡度和高程,若高差值大于阈值,则为非地面点,否则为地面点。三角网滤波将整个地形表面细分为一个连接的三角面网络,通过搜索符合地面特征的脚点构建三角面来剔除非地面点。使用上述滤波方法进行地面滤波后的结果如图 2-30 所示。由图 2-30 可以看到,上述滤波算法均可以实现地面点分离滤波的目的,从而为后续研究提供基础。

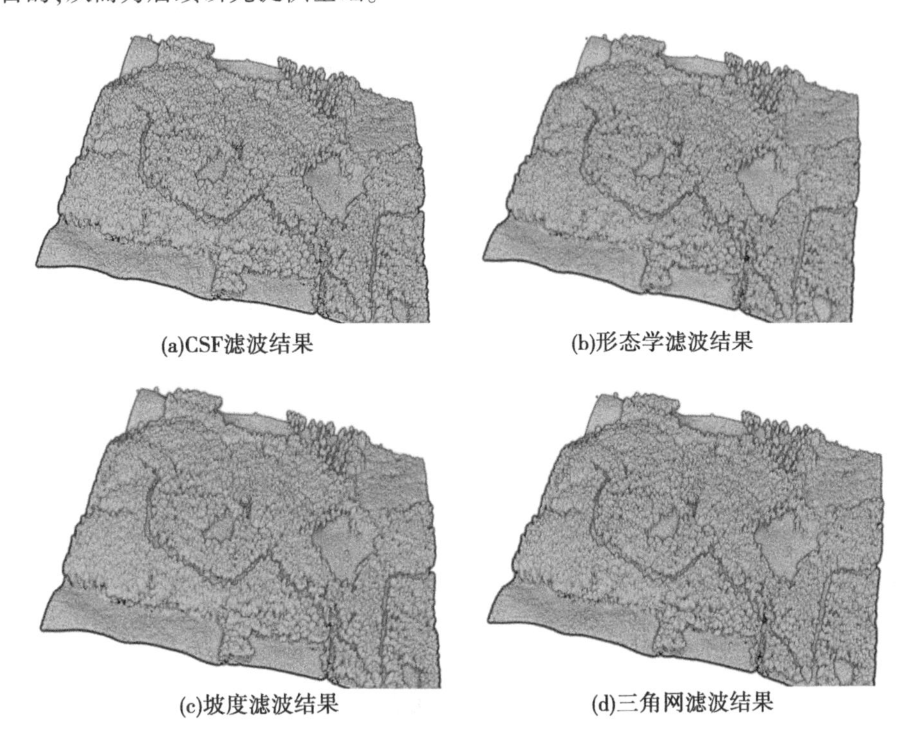

图 2-30 不同滤波方法效果展示

进一步分析可以看到,坡度滤波适合地形起伏较大的场景,但是对于滤波的精细程度不足。CSF 滤波更加适合平坦的区域,且对于陡崖等阶梯状地物,滤波效果不好,但是其运算效率较好。形态学滤波和三角网滤波对参数比较敏感,需要不断调整设置合适的参数,才能达到理想的效果。

为此,针对输电通道场景,为了达到快速且保持精度地实现地面点分离,本书对曲面滤波进行改进,提出多级移动曲面滤波方法。基于地形的连续性,增加窗口邻域,采用格网尺寸按倍数逐级减小的方法,在改变格网尺寸的同时自动设置不同的窗口邻域和高差阈值,对于不同地形均能够取得较好的滤波效果,如图 2-31、图 2-32 所示。使用这种算法只需要设置一个初始的网格单元大小,便可以实现点云的滤波,相比其他方法,参数少,可以很好地用于不同地形环境。

使用该滤波方法进行滤波后的结果如图 2-33 所示。

2.2.3.2 基于八叉树的多尺度高维特征构建

1. 三维点云体素化

首先对获取的稠密点云进行体素化组织。类似像素是二维表示,体素是三维欧式空间中具有预定义边长的立方体。通常,3 个方向的边长是相同的。在此处,为了便于后续

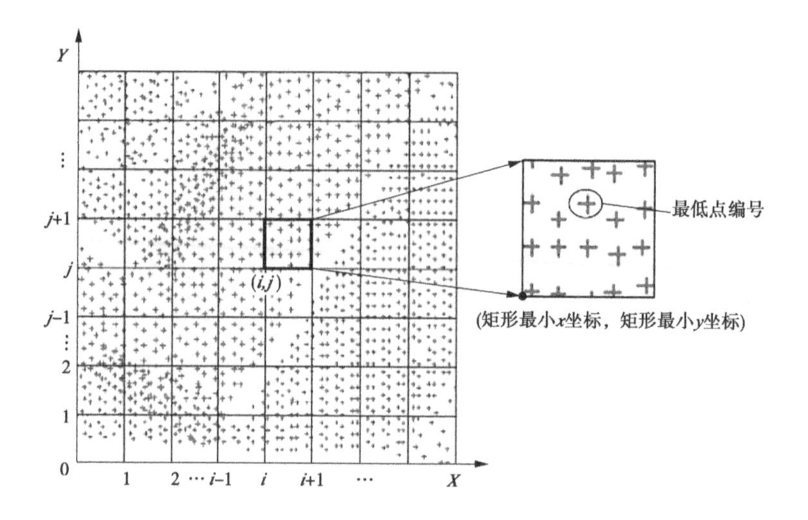

图 2-31　格网分割及索引

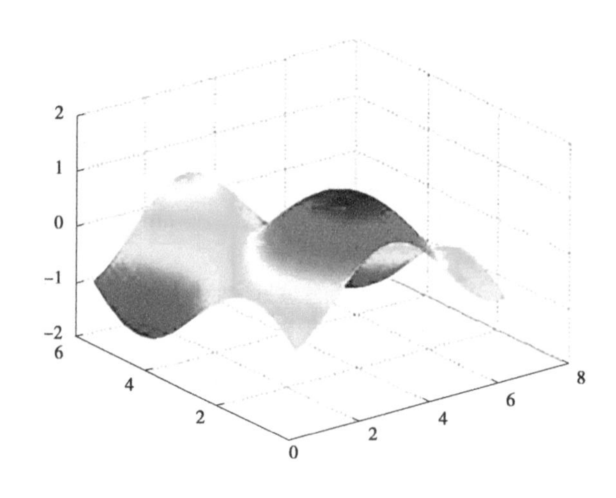

图 2-32　建立拟合曲面

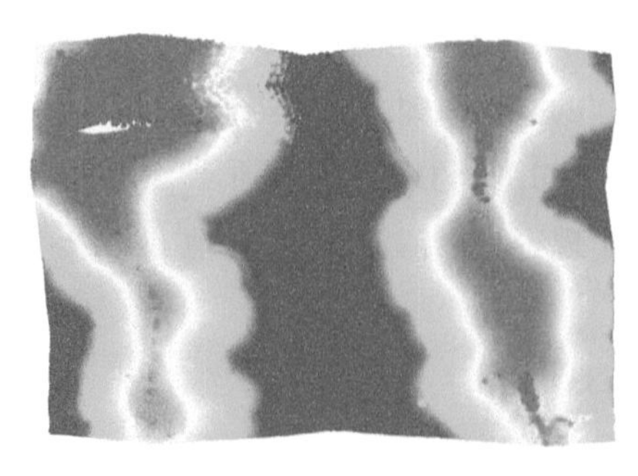

(a)原始点云

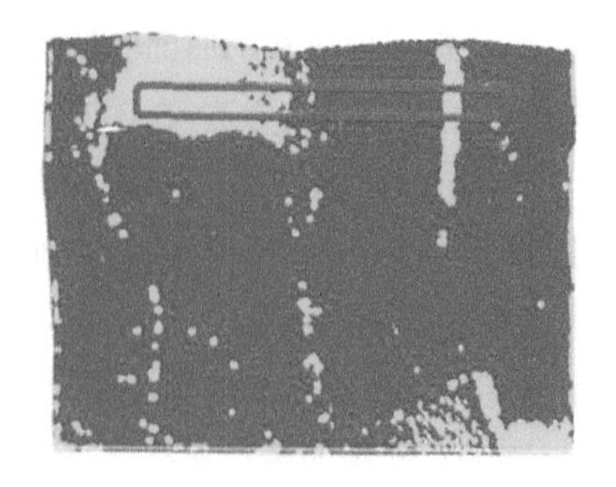

(b)滤波后点云

图 2-33　多级移动曲面滤波结果展示

处理更加灵活,将 3 个坐标方向上的长度设置为不同。图 2-34 所示是一个在右手笛卡尔坐标系中三维欧式空间的体素图解。

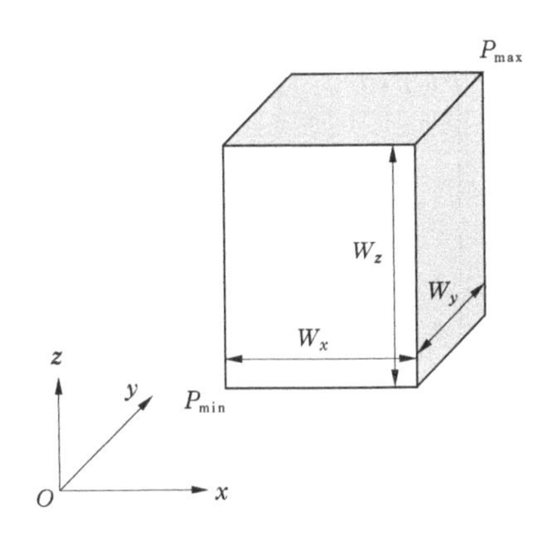

P_{max} 和 P_{min}—体素单元的右上后点和左下前点;W_x、W_y、W_z—在 3 个轴方向上的投影长度。

图 2-34 体素单元

因此,此体素单元的数据结构(以 C++为例)如下:

```
Struct VoxelCell
{
    long x, y, z;
    list<int> PointIds;
    Point3D Centroid;
}
```

这里,"x,y 和 z"是每个体素的三维索引;"PointIds"是一个容器,存储体素内的点索引;"Centroid"存储每个体素内所有点的质心。

体素被广泛应用在稠密点云重采样中。图 2-35 表示了点云体素化的过程,首先从输入点云数据中的包围盒中得到左下前点和右上后点。以三轴平行方向预定义的体素单元尺寸大小,将点云的包围盒划分为立方体单元,然后分别计算 3 个方向上的单元数目。将其与左下点在 3 个方向的坐标比较,采用下式计算每个点的三维体素索引:

$$n_i = \frac{p^i - p^i_{\min}}{\mathrm{size}^i} \tag{2-14}$$

式中:i 为 x,y,z 方向;n_i 为点 p^i 所属的三维体素索引;size^i 为方向 i 的体素尺寸大小。

同时,内部无点的体素单元定义为零单元,而有点的单元定义为正单元(如图 2-35 所示,浅绿色表示正单元,白色表示零单元)。通常,体素单元的尺寸设置需要考虑平均点密度,一般来说,最小体素尺寸需要大于点平均距离。

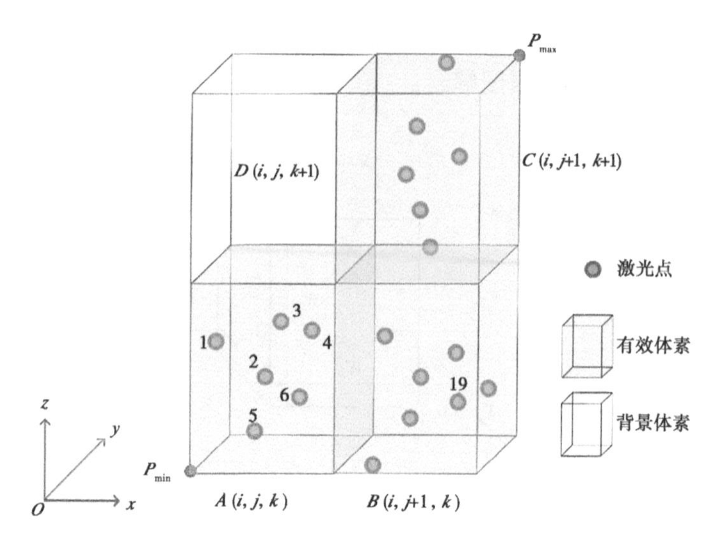

图 2-35　三维点云体素化过程

根据查询单元的邻接类型,可以将三维体素单元的邻接分为三类。如图 2-36 所示,一个体素单元的 26 个三维邻域单元分为 6 个面邻域、12 个边邻域和 8 个顶点邻域。这三类分别以绿色、蓝色和橙色表示。利用体素算子对一个点云进行体素化后,每个体素单元都有一个 id,记录了体素的索引。因此,体素化可以对点云进行一致维度的重采样。

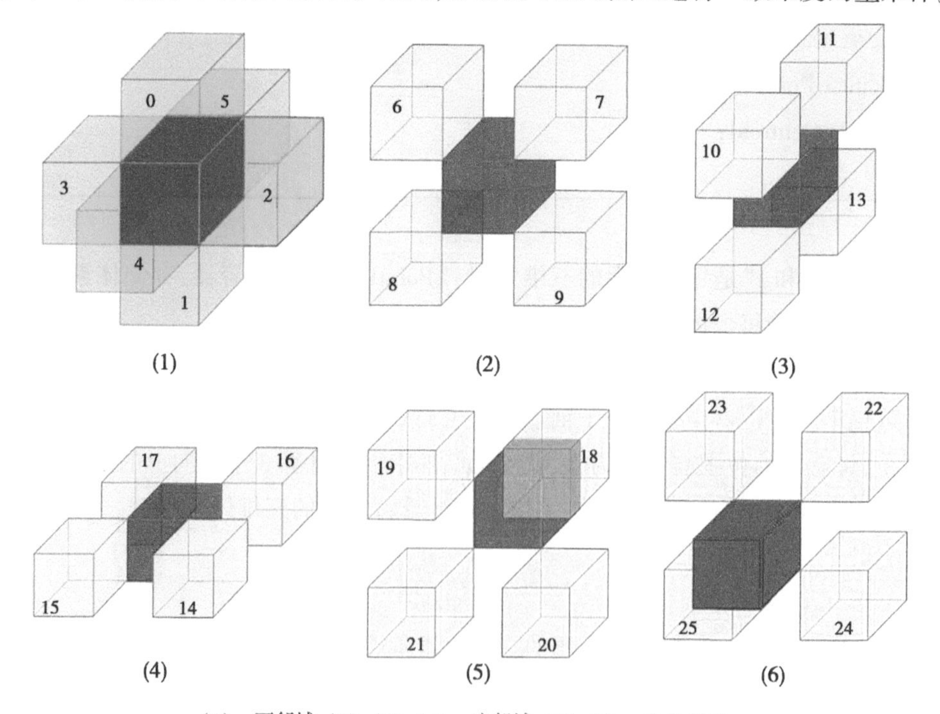

(1)—面邻域;(2)、(3),(4)—边邻域;(5)、(6)—顶点邻域。

图 2-36　三维欧式空间中体素单元及其 26 个邻域单元

在扫描数据并预处理配准得到完整点云后,首先对完整点云进行分块,数据分块类似于二维体素化，根据输入点云的外包框大小，对其在 xy 平面进行投影；然后根据预设定的尺寸，进行格网划分，并将点依次分配到格网中。这样做的目的是，当点云数据量庞大时，可以按照不同数据块进行并行处理，有助于提高处理效率。采样前后的点云数据示例如图 2-37 所示。

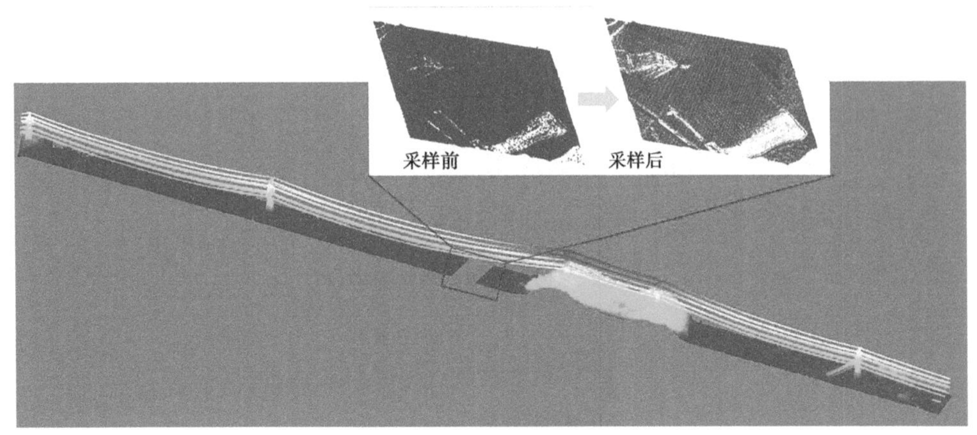

图 2-37 采样前后结果展示

2. 基于八叉树的数据组织

虽然体素空间中的邻域搜索简单高效，但是使用体素重采样时存在大量的内存冗余。因此，在处理海量点云时，优先采用八叉树结构。

八叉树是一种特殊的树形数据结构，其中每个节点非叶子节点即有八个子节点[109]。它是二维空间四叉树的三维拓展。一般来说，构建八叉树的时间复杂度为 $O(n\log^n)$。图 2-38 展示了基于八叉树的空间剖分及分层树状数据结构。

在图 2-38(b) 中，根节点对应图 2-38(a) 中的点云最大包裹立方体，每个内部节点为非空且不满足几何约束条件的节点，子节点为满足几何条件的节点或为最小的分割节点。本书使用的八叉树节点的定义为：

```
Struct OctreeNode
{
    bool  leaf;
    long  PointNumber;
    OctreeBBX  BoundingBox;
    Point3D *  points;
    OctreeNode  *  child[8];
    vectior<int>  Path;
}
```

此处，“leaf”表示当前的八分体是否为一个叶节点；“BoundingBox”定义了每个八分体

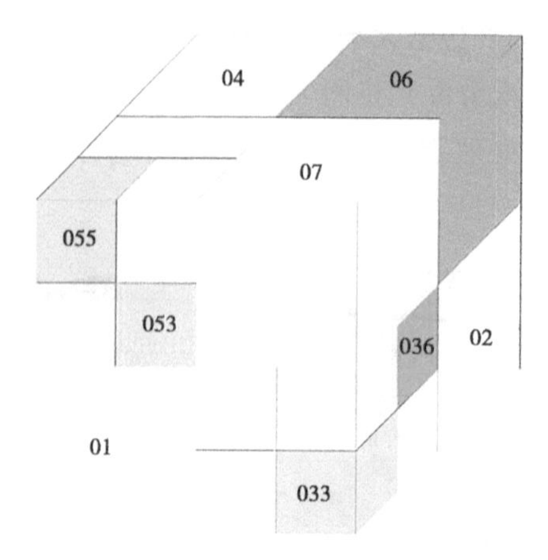

(a)八叉树的三维空间分割及索引

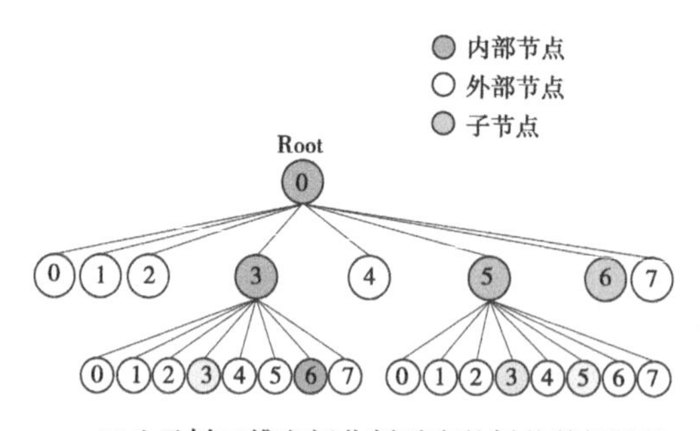

(b)八叉树三维空间分割对应的树状数据结构

图 2-38 基于八叉树的激光雷达稠密点云三维空间分割及分层树状数据结构

的三维边界;“points”存储着八分体内部的点;“child”是含 8 个相同的 OctreeNode 的数组,是一个内部节点的 8 个分支;“Path”存储当前八分体的检索码。经过八叉树组织后的点云数据示意图如图 2-39 所示。

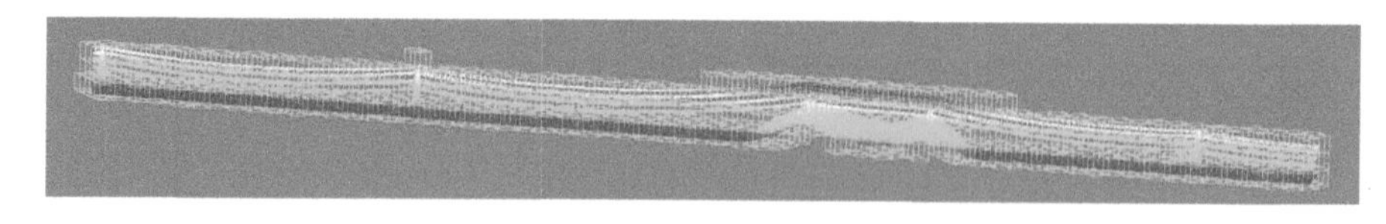

图 2-39 输电通道场景八叉树组织示意图

3. 多尺度高维特征构建

点云的空间特征是依据点云局部邻域计算得到的表达当前局部环境下点所表征的信息。依据前人对点云几何特征的研究,本书对构建八叉树后的点云数据进行基于特征值的特征计算,以表达杂乱点云中的几何特征。

首先由 PCA 算法确定每个体素聚类的维度,体素维度确定如下:设 $p_i=(x_i,y_i,z_i)^{\mathrm{T}}$ 为体素内一点 p_i 的三维坐标,则体素内所有点 p_i 的重心由以下公式可得

$$\bar{p}=\frac{1}{n}\sum_{i=1}^{n}p_i \tag{2-15}$$

式中：n 为体素内点的个数。

邻域内点云的三维结构张量 $\boldsymbol{M}$ 由以下公式定义：

$$\boldsymbol{M}=\frac{1}{n}\boldsymbol{Q}^{\mathrm{T}}\boldsymbol{Q} \tag{2-16}$$

式中：$\boldsymbol{Q}=(p_1-\bar{p},p_2-\bar{p},\cdots,p_n-\bar{p})^{\mathrm{T}}$；$\boldsymbol{M}$ 为一个实对称矩阵，可以分解为 $\boldsymbol{M}=\boldsymbol{RIR}^{\mathrm{T}}$，$\boldsymbol{R}$ 为旋转矩阵，$\boldsymbol{I}$ 为对角正定矩阵。

$\boldsymbol{I}$ 的元素是矩阵 $\boldsymbol{M}$ 的特征值。三个特征值均为正值，分别由 λ_1、λ_2、λ_3 表示，并按 $\lambda_1>\lambda_2>\lambda_3$ 进行排序，对应的特征向量分别为 $\boldsymbol{v}_1$、$\boldsymbol{v}_2$、$\boldsymbol{v}_3$。

将体素单元分为三种类型：线状、面状和散射状。这三种类型定义如下：①如果对于一个体素的特征值保持 $\lambda_1\gg\lambda_2$，则该体素被定义为线状或一维体素单元。对于线状体素单元，对应于特征值 λ_1 的特征向量 $\boldsymbol{v}_1$ 为有效特征向量，表示体素单元内点的有效方向。②如果 $\lambda_2\gg\lambda_3$，则将体素单元定义为面状或二维单元。在这种情况下，特征向量 $\boldsymbol{v}_3$ 是有效的特征向量。③如果 $\lambda_1\approx\lambda_2\approx\lambda_3$，则此体素单元定义为散射单元或三维单元。散射单元没有明显的方向，因此不用考虑。这里，$\gg$表示远大于，通过预设的阈值定义。本章中，先探测线状再探测面状。线状和面状的阈值分别由 T_{l} 和 T_{p} 表示。此过程后，聚类中的所有体素单元都具有表示其维数的几何标记，并且在适用时还具有表示其特征的有效特征值和特征向量。

$$L=\frac{\lambda_1-\lambda_2}{\lambda_1} \tag{2-17}$$

$$P=\frac{\lambda_2-\lambda_3}{\lambda_1} \tag{2-18}$$

$$S=\frac{\lambda_3}{\lambda_1} \tag{2-19}$$

$$C=\frac{\lambda_3}{\lambda_1+\lambda_2+\lambda_3} \tag{2-20}$$

$$E=-L\ln L-P\ln P-S\ln S \tag{2-21}$$

由图 2-40~图 2-42 几何特征构建结果可以看出，基于特征值的特征可以很好地在八叉树及体素组织的基础上，实现体素簇/点簇的几何特征属性获取。通过设定不同体素尺寸大小/八叉树尺度可以获得不同尺度下的几何特征维度，这样便可以构建多尺度特征，有助于提高对三维点云的场景理解能力，有助于后续处理应用。

与此同时，通过上述几何特征构建可以看出，输电通道场景中，由于电力塔、电力线等人工设施，其线性特征较为明显。然而，由于天然的植被地物的存在，其离散点特征较为明显。因此，构建多尺度高维特征有助于对不同地物的分类分析，为地物精细分类提供基础。

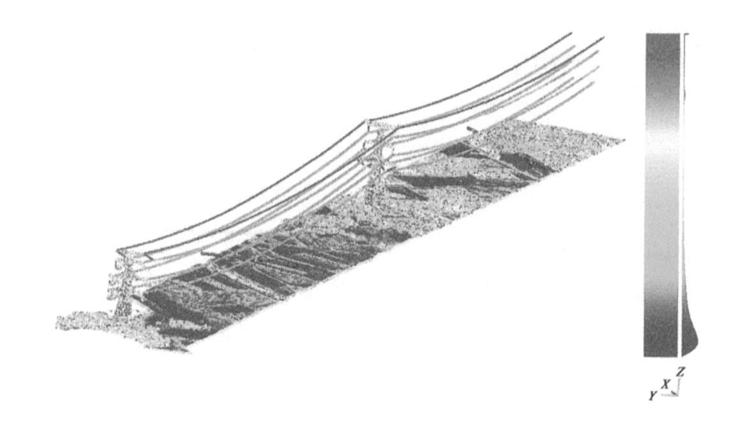

图 2-40　线特征可视化展示

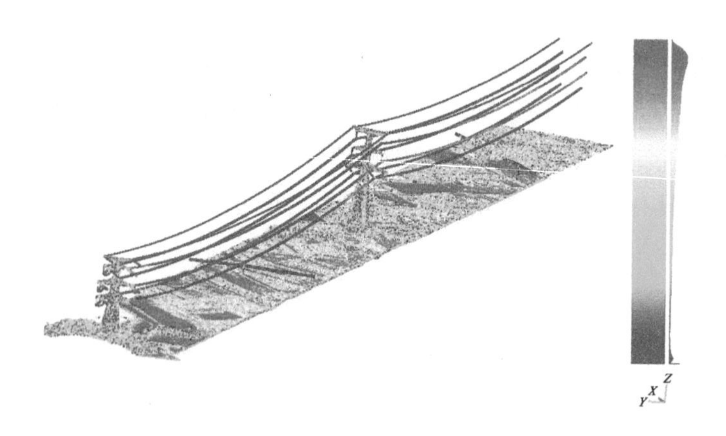

图 2-41　面特征可视化展示

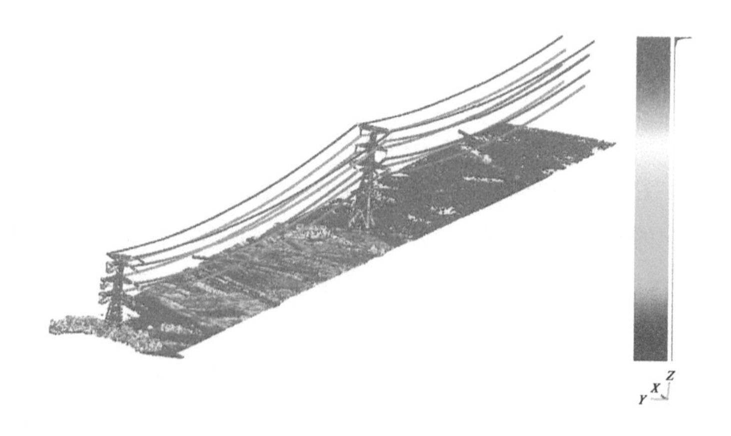

图 2-42　点特征可视化展示

2.2.4 地基LiDAR点云数据预处理

2.2.4.1 点云粗配准

在使用RISCAN PRO打开工程文件后,设定三维激光扫描的第一站为基准站,作为后续点云拼接的基准。设定完基准站后,首先将基准站的数据拉入数据框中,使用3D、反射强度模式打开。然后将第二站数据拉入数据框中,并同样使用3D、反射强度模式打开。再次将待拼接的两站数据使用软件上方的并列窗口按钮进行并列排放,方便后续的拼接工作。具有公共区域的两张数据并列显示之后,将数据调整为大致方向,然后点选软件上方工具栏中"Registration"—"Coarse registration"—"Manual",弹出手动拼接的设置窗口后,点击"ViewA"空白处,再点击基准站数据所在的窗口,随后点击"ViewB"空白处,再点击待拼接数据所在的窗口。上述操作完成后,即可在两个窗口中分别选择同名点。在对各站数据进行手动拼接时,均选择了不少于8个的同名点。在对同名点进行点选时,点选预先设置的靶标纸中心作为同名点。在对同名点点选完成后,点击"Rigister"按钮,"ViewB"窗口的待拼接点云会被拼接到"ViewA"的窗口中,同时手动拼接的设置窗口会显示手动拼接误差"Standard deviation[m]:"。

2.2.4.2 多站点调整

在对点云数据进行手动拼接后,使用RISCAN PRO中的多站点调整功能来解决站与站间的点云数据的分层问题。在进行多站点调整之前,首先准备数据,点选软件工具栏上方"Registration"—"Multi Station Adjustment"—"Prepare data",勾选参与调整的两站数据,并在"Settings"中勾选"Plane surface filter",在"Reference range"的空格中输入一个参考值,该参考值依据参与调整的两站或多站数据直接的共同区域到扫描仪距离的一半,该参考值是最终多站点调整的关键因素。准备数据完成之后,点选软件工具栏上"Registration"—"Multi Station Adjustment"—"Start Adjustment"会弹出对话框,勾选需要参与调整的站点,并锁定基准站的X、Y、Z值。在进行多站点调整时,需要不断对"Search raduis"(查找半径)、"error 1"、"error 2"进行调整,以不断减小多站点间的误差,提高精度。

其中,查找半径值是指软件自动搜索两个或多个站点数据间误差范围的参数。因此,查找半径的初始设定值应该是之前手动调整拼接误差的2倍以上,但不应超过其4倍[110]。在调整过程中,"error 1"代表所期望在第一轮调整后达到的站点间拟合精度,而"error 2"则指第二轮调整完成时所期望的精度水平。依据软件计算出的误差结果将上述三个参数循序向下调整,以达到预期的理想精度。

2.2.4.3 点云合并

完成手动拼接及多站点调整后,将各站数据导出为".las"格式,并在Cloud Compare

软件中进行点云合并，得到完整点云数据，如图 2-43 所示。需要注意的是，在对林地进行三维重建前，同时需要对点云数据中的明显噪声进行手动去除。

(a) (b)

图 2-43 合并后地基 LiDAR 点云数据

2.2.5 Sentinel-2 数据处理

基于谷歌地球引擎（Google Earth Engine，GEE）平台，使用 Sentinel-2 时序卫星遥感影像数据计算植被覆盖度进行新型特征参数的构建。在计算覆盖度的过程中，仅保留云覆盖率小于 10%的 Sentinel-2 数据，以避免云效应；选择接近 GEDI L4A 数据采集日期的 Sentinel-2 图像。

其中，在计算覆盖度时，利用 Sentinel-2 影像中 B4 和 B8 波段信息计算归一化植被指数（normalized difference vegetation index，NDVI）并去除水体，使用像元二分模型计算覆盖度。

$$\mathrm{NDVI}=\frac{B_8-B_4}{B_8+B_4} \tag{2-22}$$

$$f_{\mathrm{vc}}=\frac{\mathrm{NDVI}-\mathrm{NDVI}_0}{\mathrm{NDVI}_{\mathrm{V}}-\mathrm{NDVI}_0} \tag{2-23}$$

式中：B_4 为红波段信息；B_8 为近红外波段信息；NDVI 为归一化植被指数。

式(2-23)中，取直方图累计频率为 5%和 95%的 NDVI 值作为 NDVI_0 与 $\mathrm{NDVI}_{\mathrm{V}}$，两者分别为纯裸地像元和纯植被像元。

在计算植被覆盖度之后，将其下采样至 30 m，以保持数据间分辨率一致，同样根据光斑点经纬度信息与覆盖度影像结合，提取光斑点对应的覆盖度，去除覆盖度为 0 的光斑点。

3 输电通道场景要素自动精细分类技术研究

输电通道场景要素的自动精细分类方案主要包括多源异构遥感数据的多种类特征提取与融合，以及基于多层次特征的深度学习输电通道场景要素快速识别与自动精细分类两个部分。其中，多源异构遥感数据的多种类特征提取与融合是将点云数据与图像数据中的特征分别进行提取，再将图像数据与点云数据进行多对一融合，实现 2D 和 3D 数据的联合使用。基于多层次特征的深度学习输电通道场景要素快速识别与自动精细分类步骤，则创新性地对输入的特征数据采用布料滤波修正及归一化预处理进一步提高数据可分类性，再以 PointNet++深度学习网络为基础，进行多层次特征的提取与分类。最后对深度学习网络的分类结果进行后处理，采用基于 k 近邻的算法进行进一步精细分类，获得最终的高精度自动精细分类结果。

3.1 多源异构遥感数据的多种类特征提取与融合

多源异构遥感数据主要包括由激光雷达采集的卫星、机载和地面点云数据，以及由不同分辨率、不同波段传感器采集的卫星影像数据。该方案全面覆盖了多源异构遥感数据各类型特征，分别对点云数据和图像数据各自的特征进行提取后，针对多对一的图像数据采取主成分分析降维，将数据样本维度降为 1，实现多维图像特征的提取与筛选，最终与三维点云一一对应，实现多种类特征的提取与融合。

3.1.1 多种类特征概况

多源异构遥感数据的多种类特征主要包括几何结构特征、光谱特征及纹理特征。

基于几何结构特征参数的提取主要应用于激光雷达采集的点云数据。点云数据以点的形式记录了场景中所有实体的三维坐标信息及强度信息，能够充分反映场景中实体的几何结构，因此对该特征的提取至关重要。几何结构特征数据不仅包括原始的点云坐标和强度信息，还包括由点云之间位置关系计算获得的其他辅助信息。每个点与周围一定范围邻域内点云的位置关系能够反映目标点的平面度、线性度、各向异性、所在区域的密度等多种几何信息，为不同点云的分类提供依据。

基于光谱特征参数的提取主要应用于传感器采集的影像数据。光谱特征是地物之间进行区分的重要决定性因素，然而不同来源的影像数据往往存在着分辨率不同、图像校正不一致等问题，阻碍多源影像数据的综合应用。因此，在数据预处理过程中，首先需要进行统一的辐射校正，保证图像数据光谱特征值的可比性。对于不同分辨率的数据，利用图像分割和超分辨率重建方法，对低分辨率图像进行处理，升级为高分辨率图像，实现所有图像分辨率的精细性、一致性。光谱特征参数主要包括原始的波段光谱亮度数据，以及由多个波段原始数据计算得到的不同像元的光谱角、光谱指数等浅层特征数据。

基于纹理特征参数的提取也在传感器采集的影像数据中应用广泛，不同地物一般具有不同的纹理特征，从而实现地物的分类。利用光谱特征参数提取时获得的图像分辨率一致的影像数据，可以实现同一维度下多种纹理特征的提取，获得图像的粗糙度、对比度、方向度、线像度等参数。纹理特征可以综合灰度共生矩阵、各类滤波器、小波变换等方法进行提取，将提取到的各类纹理特征输入深度学习网络中进行深层次的分析与处理。

3.1.2　图像辅助点云的特征融合

激光雷达点云是在三维空间内的点数据集合，它能够很好地反映场景中各类物体的真实结构和分布，具有丰富的空间信息，但是点云数据相对于图像数据而言较为稀疏，并且也缺乏颜色等对分类很有意义的信息。图像数据则具有较高的分辨率、丰富的颜色信息和纹理信息，然而其二维属性使得对现实世界的描述较为单薄。在实际数据采集过程中，也很难保证单幅图像数据能够完全覆盖点云数据区域。目前，已有的基于深度学习的图像与点云数据结合方案可以分为两类：一是分别对图像和点云数据设计适合的人工网络进行训练和分类，再设置投票网络对两者的分类结果进行选择，从而确定最终的分类结果；二是将点云投影到图像数据中，为图像数据增加深度信息，再利用深度学习网络实现点云辅助图像的分类。本书则创新地提出一种 2D-PCA 特征与 3D 特征融合算法，旨在将图像数据作为点云数据的辅助，实现点云数据场景中的精确分类。图像数据、点云数据融合的主要流程如图 3-1 所示。

3.1.2.1　2D 图像特征提取

图像的特征主要包括光谱特征和纹理特征。本书共选取 R、G、B 三个通道的颜色特征，以及边缘特征（梯度、幅值）、对比度、相关度四个纹理特征来实现图像的特征提取。

在光谱特征中，本书使用的是 RGB 全色影像，因此原始数据即为三个通道的颜色特征。考虑到光照变化可能对 RGB 数值产生影响，将图像颜色由 RGB 空间转换到 HSV 空间，利用色相、饱和度指标对图像的颜色进行描述。对于 0~255 表示的 R、G、B 值，需要先转换到 0~1，再分别应用 H、S、V 的转换公式：

$$V = \max(R, G, B) \tag{3-1}$$

$$S = \begin{cases} \dfrac{V - \min(R, G, B)}{V} & V \neq 0 \\ 0 & \text{其他} \end{cases} \tag{3-2}$$

$$H = \begin{cases} 60 \times (G - B)/[V - \min(R, G, B)] & V = R \\ 120 + 60 \times (B - R)/[V - \min(R, G, B)] & V = G \\ 240 + 60 \times (R - G)/[V - \min(R, G, B)] & V = B \end{cases} \tag{3-3}$$

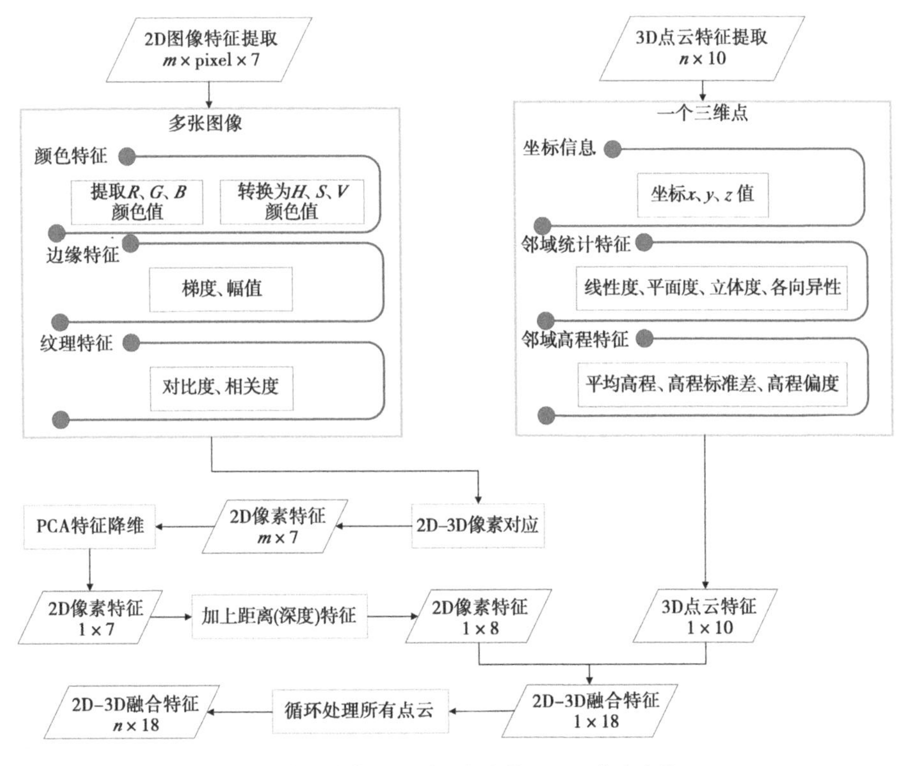

m —图像的个数；n —点云的个数；pixel—像素个数。

图 3-1　图像数据、点云数据融合流程

纹理特征主要体现在不同像素点之间的关系中，也能够为图像分类提供依据。首先采用式(3-4)将彩色图像转换为灰度图像，得到序列号(x,y)处像素点的灰度值 $\mathrm{gray}(x,y)$，然后选取 3×3 大小的滑动窗口作为纹理特征计算单元。对于当前像素坐标为(x,y)的像素点，依次计算像素点的边缘特征，以及由灰度共生矩阵派生的对比度、相关度特征。

$$\mathrm{gray}(x,y) = R \times 0.299 + G \times 0.587 + B \times 0.114 \tag{3-4}$$

在边缘特征计算中，采用高精度的 Canny 算子对边缘信息进行提取。首先使用高斯滤波[式(3-5)]处理图像数据，得到输出的图像矩阵 $\boldsymbol{G}(x,y)$。

$$\boldsymbol{G}(x,y) = \frac{1}{2\pi\sigma^2}\mathrm{e}^{-\frac{x^2+y^2}{2\sigma^2}} \times \boldsymbol{I}(x,y) \tag{3-5}$$

式中：$\boldsymbol{I}(x,y)$ 为输入的灰度图像矩阵；σ 为高斯滤波器的标准差。

在以目标像素点为中心的 3×3 大小的窗口中，通过式(3-6)和式(3-7)分别计算 x 方向和 y 方向的梯度值，再利用式(3-8)和式(3-9)计算得到梯度的幅值 M 和方向 θ。

$$\boldsymbol{G}_x = \begin{bmatrix} -1 & 0 & 1 \\ -2 & 0 & 2 \\ -1 & 0 & 1 \end{bmatrix} \cdot \boldsymbol{G} \tag{3-6}$$

$$G_y=\begin{bmatrix}-1 & -2 & -1\\ 0 & 0 & 0\\ 1 & 2 & 1\end{bmatrix}\cdot G \tag{3-7}$$

$$M(x,y)=\sqrt{G_x^2+G_y^2} \tag{3-8}$$

$$\theta(x,y)=\arctan\left(\frac{G_y}{G_x}\right) \tag{3-9}$$

由于梯度的幅值和方向包含像素点周围的各个方向,大部分方向的值对于分类没有意义,因此选取幅值最大方向的 M 和 θ 作为特征保存。

灰度共生矩阵则描述的是图像中不同灰度级的出现次数以及相互之间的位置关系,能够很好地反映各像素点与周围像素的关系,为纹理特征的计算打下基础。

$$P_{\delta,\theta}(i,j)=\sum_{x=1}^{N}\sum_{y=1}^{M}\begin{cases}1 & \text{如 } I(x,y)=i \text{ 和 } I(x+\delta,y+\theta)=j\\ 0 & \text{其他}\end{cases} \tag{3-10}$$

式中:i 、j 为灰度级别;δ、θ 为位移量;N、M 分别为图像的宽度和高度。

进一步地,可以由灰度共生矩阵计算得到目标像素的对比度 t、相关度 l。

$$t=\sum_{i,j=1}^{N_g}P_{\delta,\theta}(i,j)(i-j)^2 \tag{3-11}$$

$$l=\frac{\sum_{i,j=1}^{N_g}P_{\delta,\theta}(i,j)(i-\mu)(j-\mu)}{\sigma^2} \tag{3-12}$$

式中:N_g 为灰度级别数;μ 为灰度共生矩阵的均值;σ 为灰度共生矩阵的标准差。

获得所有图像中每个像素点对应的三个颜色特征和四个纹理特征后,将其储存为与像素点一一对应的特征矩阵备用。

3.1.2.2 3D 点云特征提取

点云的特征以几何特征为主。本书共选取 x、y、z 三维坐标信息,点云的邻域统计特征(线性度 L、平面度 P、立体度 S、各向异性 A),邻域高程特征(平均高程 $\bar{h}$ 、高程标准差 σ_h、高程偏度s_h)作为三维点云的特征输入。

其中,点云的三维坐标来自于原始激光雷达点云数据,可以直接使用。邻域统计特征主要是考虑到目标点云与其周围一定形状范围内的点云具有形状上的强烈关联,通过对邻域内点云坐标的获取和计算,可以反映出当前目标点云所处区域更符合平面还是线段、几何形状是平缓还是陡峭等多种几何信息,辅助点云的分类。本书选取了线性度、平面度、立体度和各向异性四个邻域统计特征进行计算。读取点云数据时,首先使用 kd-tree 结构对点云建立拓扑关系,然后获取目标点周围一定球体半径内的所有近邻点;根据近邻点坐标构建协方差矩阵后,计算矩阵特征值,再利用特征值计算得到邻域特征。

令符合点 p_k 范围的近邻点集合 $\Omega=\{p_1,p_2,p_3,\cdots,p_n\}$,则对应的协方差矩阵 C_k 可以

表示如下：

$$\boldsymbol{C}_k=\frac{1}{n}\sum_{i=1}^{n}(p_i-\bar{p})(p_i-\bar{p})^{\mathrm{T}} \tag{3-13}$$

式中：$\bar{p}$ 为邻域内的中心点，通过下式计算得到：

$$\bar{p}=\operatorname{argmin}_p\sum_{i=1}^{n}\left\|p_i-\sum_{i=1}^{n}p_i\right\| \tag{3-14}$$

对于该协方差矩阵，可以计算获得三个特征值 λ_1、λ_2 和 λ_3，其中 $\lambda_1>\lambda_2>\lambda_3>0$。进一步地，可以据此计算目标点的线性度 L、平面度 P、立体度 S 和各向异性 A。

$$L=(\lambda_1-\lambda_2)/\lambda_1 \tag{3-15}$$

$$P=(\lambda_2-\lambda_3)/\lambda_1 \tag{3-16}$$

$$S=\lambda_3/\lambda_1 \tag{3-17}$$

$$A=(\lambda_1-\lambda_3)/\lambda_1 \tag{3-18}$$

考虑到不同地物存在着高程差异，地物在水平方向的规则性也可以通过高程的相关计算获得，因此点云的邻域高程信息也可以运用到分类中。本书选取邻域范围内的平均高程 $\bar{h}$、高程标准差 σ_h 及高程偏度 s_h 三个高程参数参与分类，其公式分别如下：

$$\bar{h}=\frac{1}{n}\sum_{i=1}^{n}h_i \tag{3-19}$$

$$\sigma_h=\sqrt{\frac{1}{n}\sum_{i=1}^{n}(h_i-\bar{h})^2} \tag{3-20}$$

$$s_h=\frac{\sum_{i=1}^{n}(h_i-\bar{h})^4}{\left[\sum_{i=1}^{n}(h_i-\bar{h})^2\right]^2-3} \tag{3-21}$$

点云数据获取的三维坐标信息、四维邻域统计特征及三维邻域高程特征共十维特征作为点云特征的输入，储存为十维矩阵等待图像数据特征的加入。

3.1.2.3 2D-PCA 特征与 3D 特征融合算法

为了保证所有点云均有对应的图像特征辅助，同时使得辅助效果最大化，本方案设计了 2D-PCA 特征与 3D 特征融合算法。它首先分别提取二维图像与三维点云各自的特征；其次将三维点依次映射到所有二维图像上，实现点云与每幅图像的对应；再次对每一个三维点对应的二维特征集合进行主成分分析（PCA），实现多幅图像特征的降维；最后将降维后的一维向量与三维点进行对应，获得每个三维点的最终特征信息。流程如图 3-2 所示。

首先介绍点云投影到图像上的过程就是点云坐标系转换到像素坐标系的过程。依次包括点云坐标系→相机坐标系、相机坐标系→图像坐标系、图像坐标系→像素坐标系三个过程。点云坐标系与相机坐标系都是三维坐标系，两者的转换包括位置和姿态的转换，公

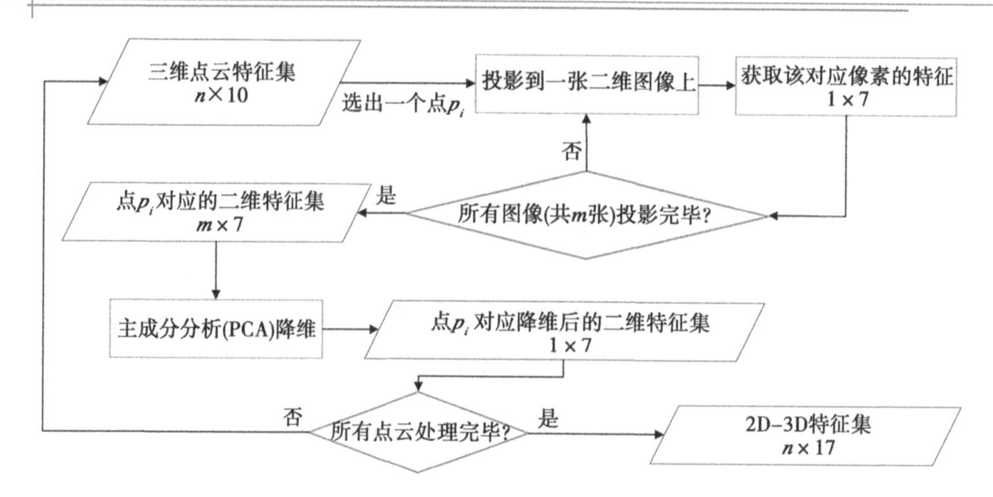

图 3-2　2D-PCA 特征与 3D 特征融合流程

式如下：

$$\begin{bmatrix} X_C \\ Y_C \\ Z_C \\ 1 \end{bmatrix} = \begin{bmatrix} \boldsymbol{R}_C & \boldsymbol{T}_C \\ 0_{1\times3} & 1 \end{bmatrix}^{-1} \begin{bmatrix} X_W \\ Y_W \\ Z_W \\ 1 \end{bmatrix} \tag{3-22}$$

式中：X_C、Y_C、Z_C 分别为空间中某三维点在相机坐标系下的坐标；X_W、Y_W、Z_W 分别为该三维点在点云坐标系下的坐标；$\boldsymbol{T}_C$ 为 3×1 的平移向量；$\boldsymbol{R}_C$ 为 3×3 的旋转矩阵。

相机坐标系与图像坐标系之间存在着三维向二维的转换，各点的深度信息被省略。根据相机的小孔成像原理，两者的转换公式如下：

$$\begin{bmatrix} x \\ y \\ 1 \end{bmatrix} = \frac{1}{Z_C} \begin{bmatrix} f & 0 & 0 & 0 \\ 0 & f & 0 & 0 \\ 0 & 0 & 1 & 0 \end{bmatrix} \begin{bmatrix} X_C \\ Y_C \\ Z_C \\ 1 \end{bmatrix} \tag{3-23}$$

式中：Z_C 为图像到相机的距离；f 为镜头焦距。

目标点在图像坐标系中的二维坐标获得后，只需要进行平移及尺度的变换，就能获得该点的像素坐标，从而与原始数据的像素一一对应。在转换过程中，会存在像素坐标非整数的情况，此时通过四舍五入决定最终所属的像素坐标。从图像坐标系到像素坐标系的转换公式如下：

$$\begin{bmatrix} u \\ v \\ 1 \end{bmatrix} = \begin{bmatrix} 1/d_x & 0 & u_0 \\ 0 & 1/d_y & v_0 \\ 0 & 0 & 1 \end{bmatrix} \begin{bmatrix} x \\ y \\ 1 \end{bmatrix} \tag{3-24}$$

式中：d_x、d_y 为相机像素的物理尺寸宽和高；u_0、v_0 为主点像素坐标（相机光轴与成像平面的交点）。

经过以上三步转换,点云数据中的所有三维点都能对应到目标遥感图像上的某一具体像素,该像素的 2D 特征值就能够与点云关联起来。一般来说,实际三维点离相机越远,其对应二维像素点特征可信度就越低。因此,将计算获得的三维点与相机距离作为新一维度的特征一并加入到图像特征中。考虑到计算效率与存储空间,该网络以点云中的每个点为一次循环,计算所有图像中该点所对应的像素,从而获得所有图像对于该点的特征矩阵。对该特征矩阵进行深度信息辅助的主成分分析,最终获得一个一维的特征向量,该向量可以看作所有图像特征的精华,是所有图像综合决策的结果。获得点云对应的一维图像特征后,将其与点云特征拼接,即可获得共 18 维的特征用于点云分类。

传统的主成分分析方法旨在将一组数据的多维特征进行降维,例如对于 m 个具有 k 维特征的数据,将其降维至 m 个低于 k 维特征的数据。本书创新性地从数据量维度出发,保证原有的 k 维特征,将 m 个数据降维至 1 个,从而实现数据量的浓缩。基于数据量压缩的主成分分析算法步骤如下:

对于 m 个 k 维样本集,可以用矩阵表示为

$$\boldsymbol{R}=\begin{bmatrix} r_{11} & \cdots & r_{1k} \\ \vdots & & \vdots \\ r_{m1} & \cdots & r_{mk} \end{bmatrix} \tag{3-25}$$

其中,每行代表一个样本。对以上矩阵进行标准化,使得每行的均值为 0;同时还需要进行归一化,从而消除各行量纲的影响。记处理后的矩阵为 $\boldsymbol{X}_{m\times k}$,以第 i 行第 j 列的元素为例,$\boldsymbol{X}$ 中各元素可以通过下式计算得到:

$$x_{ij}=(r_{ij}-\bar{r}_i)/s_i \tag{3-26}$$

式中:$\bar{r}_i$ 为第 i 行的均值;s_i 为第 i 行的标准差。

令降维后的变量(主成分)为 Z_{m1},每个主成分都是原有的 m 个变量的线性组合,即

$$\begin{cases} Z_1=a_{11}X_1+a_{12}X_2+a_{1m}X_m \\ Z_2=a_{21}X_1+a_{22}X_2+a_{2m}X_m \\ \qquad\cdots \\ Z_m=a_{m1}X_1+a_{m2}X_2+a_{mm}X_m \end{cases} \tag{3-27}$$

简化表示为

$$\boldsymbol{Z}=\begin{bmatrix} Z_1 \\ Z_2 \\ \vdots \\ Z_m \end{bmatrix},\boldsymbol{X}=\begin{bmatrix} X_1 \\ X_2 \\ \vdots \\ X_m \end{bmatrix},\boldsymbol{A}=\begin{bmatrix} r_{11} & \cdots & r_{1m} \\ \vdots & & \vdots \\ r_{m1} & \cdots & r_{mm} \end{bmatrix} \tag{3-28}$$

因此,有 $\boldsymbol{Z}=\boldsymbol{AX}$,其中 $\boldsymbol{A}$ 是正交矩阵,Z_1、Z_2、$\cdots$、Z_m 线性无关。对于待获得的 m 个新的主成分,计算其各自的方差,并按照从大到小排列,即可根据需要筛选出前 q 个主成分

$(q<m)$,实现降维。

对于 m 维随机变量 Z_{m1},其协方差矩阵 $\boldsymbol{D}(Z)$ 可以表示为

$$\boldsymbol{D}(Z)=\begin{bmatrix}\operatorname{cov}(Z_1,Z_1) & \cdots & \operatorname{cov}(Z_1,Z_m)\\ \vdots & & \vdots\\ \operatorname{cov}(Z_m,Z_1) & \cdots & \operatorname{cov}(Z_m,Z_m)\end{bmatrix} \tag{3-29}$$

根据 $\boldsymbol{Z}$ 矩阵线性无关的前提,任意 Z_i、Z_j $(i\neq j)$ 满足 $\operatorname{cov}(Z_i,Z_j)=0$。根据协方差定义,存在 $\operatorname{cov}(Z_i,Z_j)=E(Z_i,Z_j)-E(Z_i)E(Z_j)$。由于在 $\boldsymbol{Z}$ 矩阵中,任意的 X_i 都满足 $E(X_i)=0$,因此 $E(Z_i)=E(a_{i1}X_1+\cdots+a_{im}X_m)=0$。进一步地得 $\operatorname{cov}(Z_i,Z_j)=E(Z_i,Z_j)=\frac{1}{k}\sum_{p=1}^{k}z_{ip}z_{jp}$。经过以上推导,协方差矩阵 $\boldsymbol{D}(Z)$ 转换为

$$\boldsymbol{D}(Z)=\frac{1}{k}\boldsymbol{Z}\boldsymbol{Z}^{\mathrm{T}} \tag{3-30}$$

由 $\boldsymbol{Z}=\boldsymbol{A}\boldsymbol{X}$,结合式(3-30)得

$$\boldsymbol{D}(Z)=\frac{1}{k}(\boldsymbol{A}\boldsymbol{X})(\boldsymbol{A}\boldsymbol{X})^{\mathrm{T}}=\boldsymbol{A}\boldsymbol{D}(\boldsymbol{X})\boldsymbol{A}^{\mathrm{T}} \tag{3-31}$$

由于 $\boldsymbol{D}(X)$ 是实对称矩阵,因此存在正交矩阵 $\boldsymbol{P}$,使得

$$\boldsymbol{P}^{\mathrm{T}}\boldsymbol{D}(X)\boldsymbol{P}=\begin{bmatrix}\lambda_1 & & & \\ & \lambda_2 & & \\ & & \ddots & \\ & & & \lambda_m\end{bmatrix} \tag{3-32}$$

式中:λ_1、λ_2、…、λ_m 为 $\boldsymbol{D}(X)$ 的 m 个特征值。

结合式(3-30)~式(3-32),可以得到

$$\begin{bmatrix}D(Z_1) & & & \\ & D(Z_2) & & \\ & & \ddots & \\ & & & D(Z_m)\end{bmatrix}\sim\boldsymbol{D}(X) \tag{3-33}$$

因此,矩阵 $\boldsymbol{D}$ 对角线上的元素即为 A 的 m 个特征值,即 λ_1、λ_2、…、λ_m 依次等于 $D(Z_1)$、$D(Z_2)$、…、$D(Z_m)$。变换矩阵 $\boldsymbol{A}$ 则满足

$$\boldsymbol{A}=\boldsymbol{P}^{\mathrm{T}}\begin{bmatrix}a_{11} & \cdots & a_{1m}\\ \vdots & & \vdots\\ a_{m1} & \cdots & a_{mm}\end{bmatrix} \tag{3-34}$$

式中:$\boldsymbol{P}$ 为 $\boldsymbol{D}(X)$ 进行相似对角化操作中所需要的正交矩阵。

求出矩阵 $\boldsymbol{A}$ 后，进一步得到目标矩阵 $\boldsymbol{Z}$。从大到小依次累加每个特征值对应的方差贡献比例 d_i，设累计方差贡献比例为 D。当 D 大于一定阈值时，即判定此时的前 q 维数据贡献的方差已经达标，后续维度就可以省略从而实现降维。在本书中，q 的值固定为 1，但可能存在此时的累计方差贡献比例 D 未达标的情况，此时就需要三维点与相机距离信息（深度）的辅助。先删除深度值最大的图像信息，对剩余图像信息矩阵再次进行主成分分析并计算 D 值；若 D 值达标即退出循环，若 D 值尚未达标，则需要再次搜寻此时深度值最大的图像信息进行删除，并重新进行主成分分析与 D 值计算，直至 D 值达标。

经过以上 2D-PCA 过程，二维图像的特征信息得到了很好的提取和筛选，对 3D 特征的辅助效果也得到了大幅度增强。

3.2　基于多层次特征的深度学习输电通道场景要素快速识别与自动精细分类

基于深度学习的方案主要包括数据集构建、深度学习模型构建、深度学习模型优化三个步骤。数据集构建是以 3.1 节中获取的 2D-3D 特征数据集为基础，经过进一步的量纲统一，以及布料滤波修正后，输入深度学习模型。深度学习模型是以 PointNet++为基础，首先大幅度增加了输入点云特征的丰富性和鲁棒性，然后引入基于 k 近邻算法的精细分类处理，对 PointNet++中误分类的点云进行一轮筛选过滤，进一步提高分类的准确性。

3.2.1　多源异构遥感特征数据集构建

数据集构建是后续模型训练、优化等过程的先决条件，完善准确的数据集对模型的效果影响明显。数据集标注是进行模型训练之前需要完成的工作，已标注好类别的数据才能为深度学习网络的监督训练过程提供指导，实现参数的调整与优化。为了提高模型的鲁棒性和泛化能力，需要包含多样性的电网场景，覆盖丘陵、山区等地貌区域，涵盖不同季节、不同生长阶段的植被及各种地形条件下的数据，从而更好地训练模型对输电通道的识别效果。然后利用上一节所述方法对多源异构遥感数据进行预处理，再输入构建好的模型进行训练。

数据预处理包括基于布料滤波的三维点云坐标修正，以及各特征量纲统一两个部分。考虑到输电通道场景的覆盖距离长、覆盖面积大、覆盖地形变化大等特点，创新性地提出基于布料滤波修正三维坐标特征的方法，使得所有点云坐标都为相对于垂直地面的高度，从而使具有高程差异的地物更易区分。布料滤波对于输电通道这类狭长且坡度持续变化的地形适应性好，它的思路是将整个点云进行翻转，然后想象一块布料受重力作用从上方掉落，则布料最终落下后所接触到的点就是当前点云的地面点。布料滤波流程如图 3-3 所示。

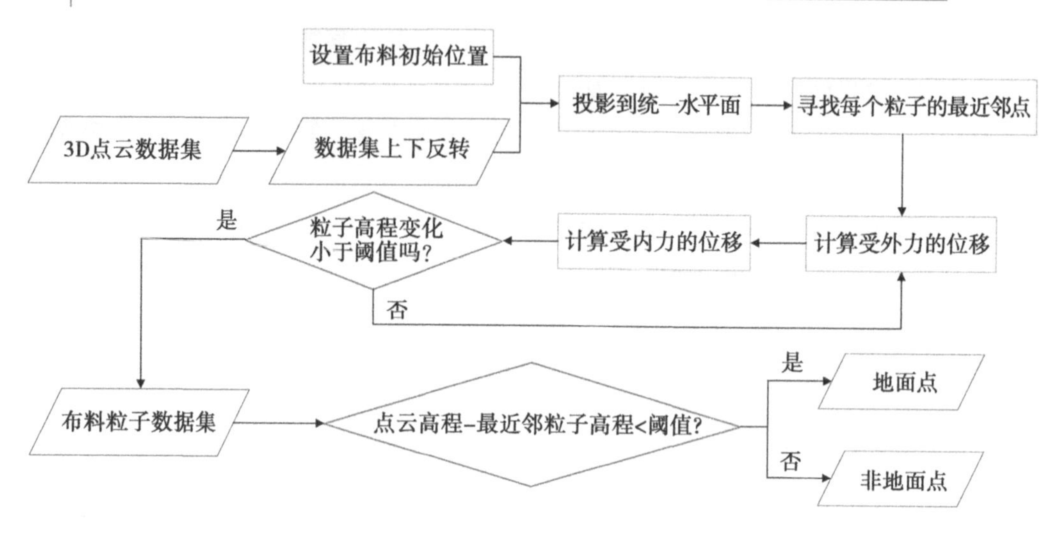

图 3-3　布料滤波流程

3.2.1.1　布料滤波算法原理

首先需要定义布料的结构及运动方程。为了避免布料在下落过程中坍缩为平面,组成布料的基元(布片)包括有质量和无质量的粒子,以及粒子与粒子之间的连线。其中,粒子与粒子之间的连线看作弹簧,即符合牛顿第二定律和胡克定律;粒子的运动也符合牛顿第二定律。每个粒子包含位置、速度和受力信息。布料的结构可以表现为图 3-4。其中,交叉的连线保证了布料的延展性。

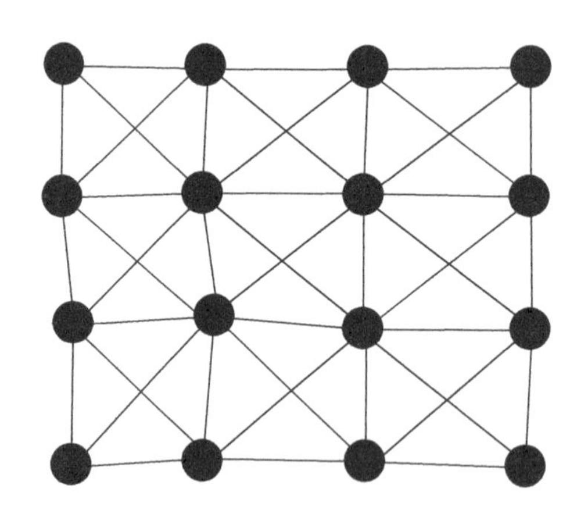

图 3-4　布料结构示意图

对于垂直下落的布料,其运动方程可以表示为

$$F(v) = mg + F_{wind} + F_{air} - F_{spring} = ma \tag{3-35}$$

式中:m 为粒子的质量;g 为重力加速度;F_{wind} 为风力;F_{air} 为空气阻力;F_{spring} 为连线的弹簧力;a 为布料的加速度。

对于本书的激光雷达三维点云，将上述过程进行简化，并对运动的停止条件进行补充，即忽略风力和空气阻力，粒子的位置仅由外力（重力）和内力（弹簧作用力）决定。因此，运动方程的计算可以分为以下两个步骤：①计算外力，由重力作用获得每个粒子的新位置。检查新位置与初始位置的连线是否与地面点有交叉，如果已经下落到地面点以下，则将粒子位置固定到地面点处并设置为“不可移动粒子”，此时粒子之间相互的弹簧作用被忽略。②对剩余的“可移动粒子”考虑相互之间的弹簧作用，通过内力确定这部分粒子的位置。

其中，仅考虑外力时，粒子的运动方程为

$$X(t+\Delta t)=2X(t)-2X(t-\Delta t)+\frac{G}{m}\Delta t^{2} \tag{3-36}$$

式中：Δt 为时间步长。

因此，给定初始位置后，即可计算粒子在某一时间点的位置。在时间较短时，所有粒子都未触及地面点，因此需要持续迭代上述过程，直至有粒子到达地面点，从而实现“不可移动粒子”的获取。

对内力的考虑是基于相邻两个粒子受力的相互性，即两个粒子的内力会使得它们朝相反的方向移动相同的距离。其中存在着几种特殊情况。如果两个粒子的高度值相同，或者它们都被定义为“不可移动粒子”，那么它们均不需要移动；如果其中有且只有一个粒子被定义为“不可移动粒子”，那么需要对另一个粒子进行相应的移动操作[111]。粒子移动的距离 $\boldsymbol{d}$ 由下式计算获得

$$\boldsymbol{d}=\frac{1}{2}b(\boldsymbol{p}_{i}-\boldsymbol{p}_{0})\cdot\boldsymbol{n} \tag{3-37}$$

$$\boldsymbol{n}=[0,0,1]^{\mathrm{T}} \tag{3-38}$$

式中：$\boldsymbol{p}_i$、$\boldsymbol{p}_0$ 互为相邻粒子，p_i 的坐标为 (x_i, y_i, z_i)，p_0 的坐标为 (x_0, y_0, z_0)；$\boldsymbol{n}$ 为将粒子标准化至垂直方向的单位向量。当有粒子可移动时，$b=1$；当粒子均不可移动时，$b=0$。

引入参数 RI 描述粒子的移动次数，从而调整布料的“软硬”；地形越陡峭，RI 的值应当越小。考虑到输电通道主要架设在山区，因此 RI 取较小值。RI 值与两个粒子高差 $\boldsymbol{h}$ 共同决定移动距离 $\boldsymbol{d}$ 的公式如下：

$$\boldsymbol{d}=\left[1-\left(\frac{1}{2}\right)^{\mathrm{RI}}\right]\boldsymbol{h} \tag{3-39}$$

综上，布料滤波的算法流程为：①反转点云数据集。②初始化布料格网，由于反转点云后，最高点的高度不变，因此可以设置布料初始位置在该最高点的上方。③需要对所有的粒子和点云进行投影操作，从而使得它们位于一个水平面上；对布料中的粒子进行最近邻点的匹配，获得该最近邻点的高程作为每个粒子的位置。④由于最近邻点与粒子的实际位置在水平面有偏差，因此需要使用重力模型计算该粒子产生的位移，然后将粒子的高程与最近邻点的高程比较。如果该粒子的高度等于或低于最近邻点的高程，则将粒子的

高程设为最近邻点的高程,并设置为“不可移动粒子”。⑤对格网中的粒子考虑内力,并计算产生的位移。重复④、⑤步骤直到所有粒子的高程变化达到阈值,或是迭代次数达到阈值,则跳出循环。

此时,计算所有点云与格网粒子之间的高程差。如果高程差小于或等于设定阈值,则归为地面点;反之,如果高程差大于设定阈值,则归为非地面点。

3.2.1.2 基于布料滤波地面点的点云坐标修正

对于格网中的相邻地面点,获得其垂直平分线并组成连续的多边形(泰森多边形)。以多边形为基础,向高程方向往上延伸,可以获得所有处于该立体空间内的点云集。由于此时三维点云中的邻域统计特征和邻域高程特征都已计算完毕,因此此时的修正不会影响到原本点云之间的线性、平面性等相对位置特征。修正需要将所有点移动到同一水平面,因此需要将每个地面点对应的立体空间内的点云集的高程统一减去地面点的高程。在所有地面点对应立体空间内的点云集均减去对应的地面点高程值后,即可获得在同一水平面的三维点云的坐标 $p_i = [B, L, h]$ 。此时的三维坐标还是大地坐标系下的坐标,需要先通过坐标变换到地心地固坐标系 $p_i = [X, Y, Z]$,再一次坐标变换到当地坐标系 $p_i = [x, y, z]$,从而使坐标值更具距离意义,提高后续深度学习分类的准确度。

3.2.1.3 特征量纲统一

由于各特征的值域范围相差很大,如果直接输入深度学习网络进行训练和测试,很有可能造成网络赋予某一值域范围很大的特征值更高的权重,造成对其余特征的利用不足。因此,特征量纲的统一具有重要的意义。本书将所有特征归一化实现量纲的统一,归一化的步骤与3.1节中主成分分析中的归一化流程类似。对于某列特征集 $F = \{f_1, f_2, \cdots, f_n\}$,记处理后的特征集为 $F'_{n\times 1}$,以第 i 个元素为例,F 中各元素可以通过下式计算得到:

$$f'_i = (f_i - \bar{f})/s \tag{3-40}$$

式中:$\bar{f}$ 为该特征集的均值;s 为该特征集的标准差。

经过归一化处理后,由2D-3D融合特征组成的18维特征能够避免人为因素造成的权重偏移。以上两步处理后,点云预处理步骤完成,此时的点云特征数据集即可输入到深度学习网络模型中进行训练和测试。

3.2.2 基于改进PointNet++的深度学习模型构建

深度学习模型的构建主要以卷积神经网络为基础,通过构建多个卷积层与池化层,逐步筛选出有用的特征信息,实现高效而准确的电网场景要素自动精细分类。其中,卷积层是为了提取多维特征的底层信息,实现对特征的抽象;池化层则是减小数据维度,同时防止过拟合,保证模型的有效性。卷积层和池化层中的神经元个数、各层的排列方式及层数都可以根据实际数据自主定义，从而最大限度地匹配电网场景的多源异构数据。训练过程中，每一层的处理过程都包含正向传播和反向传播过程。正向传播过程是由输入特征到输出分类，而反向传播则是对比输出分类与实际类别的差异反向调整每层神经元的权重。将足量且覆盖全面的训练集经由深度学习网络训练后，网络中各处的权重及处理方式被逐渐完善，即可实现较高精度的分类。

本书以基于点云的深度学习网络 PointNet++为基础，实现多层次特征结构的提取及场景要素的快速识别与自动精细分类。深度学习方案的流程如图 3-5 所示。

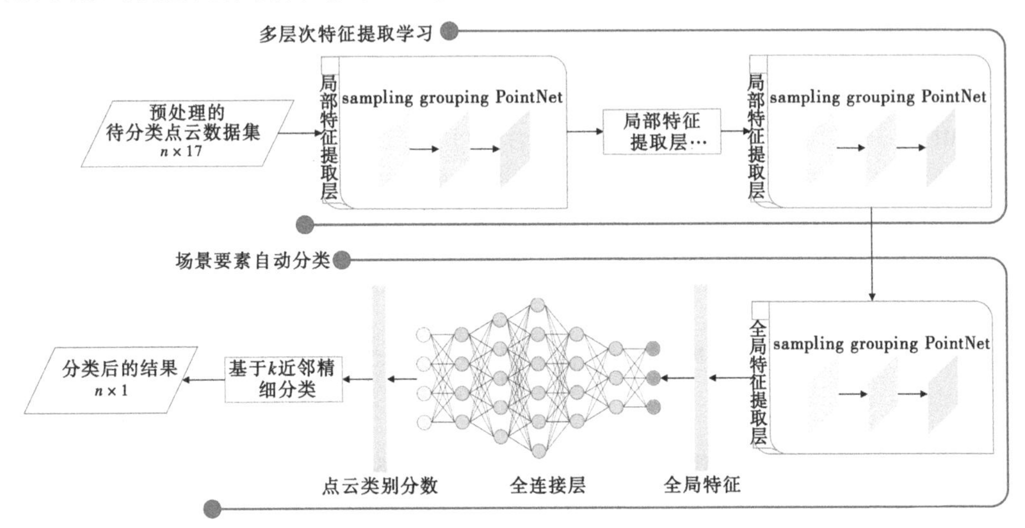

图 3-5　深度学习方案的流程

方案主要包括多层次特征提取学习、场景要素自动分类两个部分。

3.2.2.1　多层次特征提取学习

多层次特征提取部分借鉴了卷积神经网络的多层感知野思想。它首先对整个点云进行局部采样，划分为多个具有重叠的局部区域。然后在这些局部区域中，使用 PointNet 网络提取局部特征，再逐步扩大范围，在基础局部特征的基础上提取更高层次的特征。当范围扩大到整个点云集时，即可获得整个点云的全局特征，实现多层次特征的利用。

在多层次特征提取过程中，需要获得除全局范围特征外所有层次的特征。每确定一次范围，就进行一次特征提取；每层特征提取主要包括三个部分，分别为采样层（sampling layer）、分组层（grouping layer）和 PointNet 层（PointNet layer）。采样层的目的是选出每个局部区域的中心点，通过最远点采样法（FPS）获得。FPS 算法首先随机选取一个点 p_0 作为区域起始点，此时该区域的点集可以表示为 $S=\{p_0\}$。然后计算所有点到 p_0 的距离，并选择距离最远的点 p_1 加入该区域中，此时 $S=\{p_0,p_1\}$。与 PointNet++中使用点与点之间的三维坐标计算得到的真实距离不同，本书方案计算的是各点归一化后的 17 维特征坐标的欧式距离。对于 $p_0=\{f_{p_0}(1),f_{p_0}(2),\cdots,f_{p_0}(17)\}$ 和 $p_1=\{f_{p_1}(1),f_{p_1}(2),\cdots,f_{p_1}(17)\}$，其欧式距离可以表示如下：

$$L = \|p_0 - p_1\| = \sqrt{[f_{p_0}(1) - f_{p_1}(1)]^2 + [f_{p_0}(2) - f_{p_1}(2)]^2 + \cdots + [f_{p_0}(17) - f_{p_1}(17)]^2} \quad (3\text{-}41)$$

对于区域外的点 p_i,此时需要计算它到区域点集 S 中所有点的距离,并选取最小的距离值作为 p_i 到点集 S 的距离值 $L(i)$;区域外所有点的距离值 L 计算完毕后,选出 L 最大的点加入点集 $S=\{p_0,p_1,p_2\}$。重复选点步骤并持续向区域点集 S 中加入新的点,直至 S 中的点数量达到阈值,循环停止。

分组层的目的是寻找采样层区域点集当中所有采样点的邻域点集。此步骤需要设置一个宽松的最近邻域范围,从中依次选出距离最近的 k 个近邻点,组成该采样点的组。

PointNet 层的目的则是把每个采样点对应的组送入多层感知机(Multi-layer perceptron, MLP)中,从而对 k 个近邻点的特征集合进行多层次的提取,最终获得该采样点所代表的区域特征,从而大幅度减少特征数量,但大幅度提高了特征层次与代表性。为了便于网络寻找邻域位置特征的相关性,组中所有点的坐标由相对整个点云原点的坐标变为相对此组中心点的坐标,多层 MLP 组成的 PointNet 层构造如图 3-6 所示。

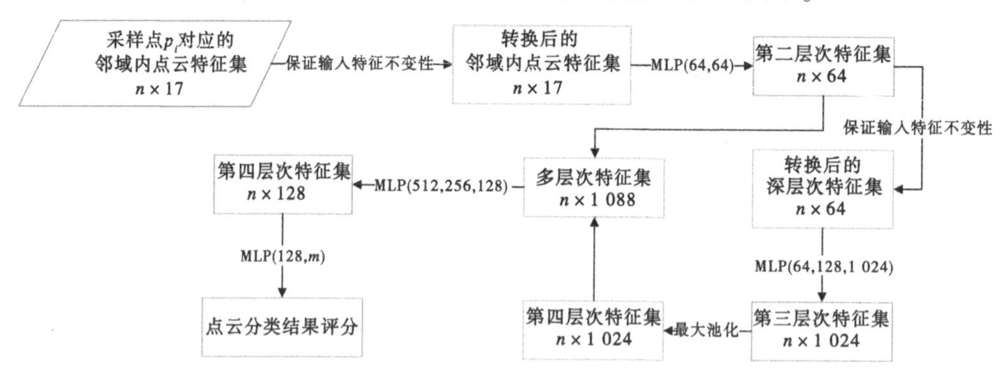

n—邻域内的点云数;m—需要分类的类别数量。

图 3-6 PointNet 层构造

经过以上三层的处理,范围为 A_1 的所有采样点特征都得到了学习,此时扩大范围至 A_2,并重复上述三层处理。注意:范围越大,采样点的个数将越少,参数也应当灵活设置。直至扩大到范围为整个点云数据集 A 时,停止以上三层处理,多层次特征提取学习部分完成。

3.2.2.2 场景要素自动分类

场景要素的自动分类网络由一个 PointNet 层和一个全连接层(fully connected layer)组成。此时的 PointNet 层则面对整个点云数据集 A 进行处理,经过三层处理,获得点云集的全局特征。将全局特征输入全连接网络,即可得到初步的分类结果。在初步的分类结果中,还会存在一部分能够进一步识别剔除的错分点云,本书方案中利用 k 近邻算法进一步对分类结果进行优化。

基于 k 近邻算法的快速精细分类过程主要包括多尺度 k 近邻区域获取、分类结果判定、分类结果修改三个步骤。首先是多尺度 k 近邻区域的获取,考虑到算法的计算速度,先选择较小的 k 计算目标点的近邻信息。为尽量减少类别数目相同的可能性,k 设置为奇数。对于确定的 k 值,目标点 p_i 的近邻点集可以表示为 $S=\{p_1,p_2,\cdots,p_k\}$,此时,统计 S 中的类别信息并与 p_i 进行判别比较。如果 S 中数目最多的类别 $C_{\max}$ 的点云数目超过邻域内总点云数目的一半,且目标点 p_i 的类别与该数目最多的类别不同,则将 p_i 的类别修改为 $C_{\max}$,并跳出循环;反之,当 p_i 的类别属于 $C_{\max}$ 时,则保持其类别不变并跳出循环。如果 S 中数目最多的类别 $C_{\max}$ 的点云数目未超过邻域内总点云数目的一半,则扩大 k 值,在更大的邻域范围内进行查找和统计,直至 $C_{\max}$ 的点云数目满足要求,再对目标点 p_i 的类别进行判定。当邻域范围达到最大值时,若仍没找到满足要求的 $C_{\max}$,则不修改目标点 p_i 的类别并跳出循环。基于 k 近邻精细分类的过程可以通过图 3-7 所示的流程进行表达。

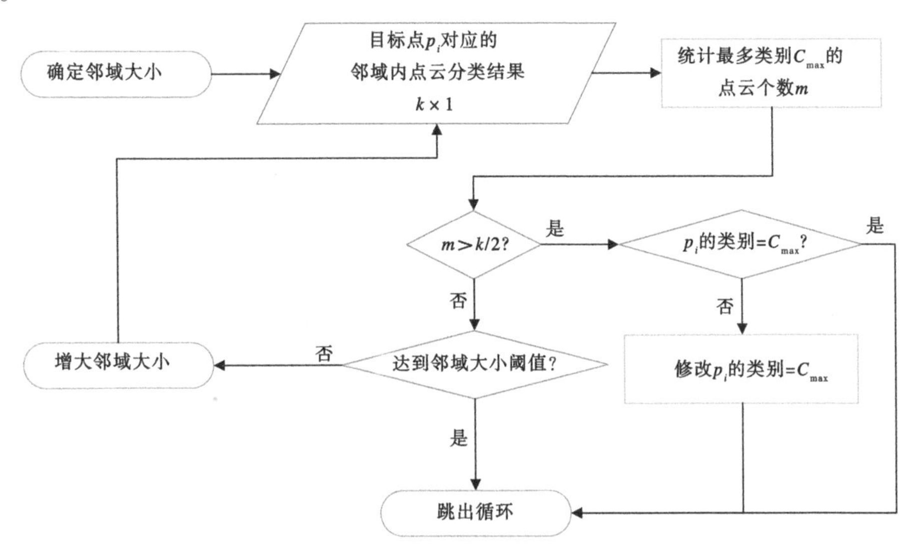

图 3-7　k 近邻算法后处理流程

经过上述深度学习步骤的处理,最终可以获得三维点云分类结果的一维向量,向量中元素的顺序与输入的三维点云顺序一一对应。再将分类结果与原始三维点云坐标结合,就可以实现对点云分类结果的可视化。

3.2.3　分类结果与展示

本方案使用的多源异构遥感数据中包含丰富的输电通道场景,从中选取约 300 km 的输电通道场景进行分类结果测试。根据场景所处的地形,将数据分为平原场景和山区场景两种。两个场景中的点云均被分为五类,分别为地面、植被、电力线、杆塔和建筑。为全面地展示本书方案的分类效果,统计了训练集和测试集中各类别点数的混合矩阵、精确率、召回率及总体精度等并进行效果验证。精确率 P、召回率 R、总体精度 OA 的计算公式如下：

$$P = \frac{TP}{TP + FP} \tag{3-42}$$

$$R = \frac{TP}{TP + FN} \tag{3-43}$$

$$OA = \frac{TP + TN}{TP + FN + FP + TN} \tag{3-44}$$

式中：TP 为模型分类正确的目标样本数；FN 为模型分类错误的目标样本数；FP 为模型分类错误的其他样本数；TN 为模型分类正确的其他样本数。

在平原输电通道场景中，共包含 1 829×10^6 个点。其中，训练集包含 1 702×10^6 个点，测试集包含 127×10^6 个点。训练集和测试集中各类别的点云数目列于表 3-1。

表 3-1　平原多源异构遥感数据点云划分与各类别数目

点数	训练集	测试集
地面	693.6×10^6	99.3×10^6
植被	941.3×10^6	17.2×10^6
电力线	12.4×10^6	2.3×10^6
杆塔	5.2×10^6	1.9×10^6
建筑	49.5×10^6	6.3×10^6

电力线与杆塔点云在训练集和测试集中的占比均为 1%～3%，在此复杂场景下的分类结果可以很好地反映分类方法的鲁棒性与稳定性。表 3-2～表 3-4 展示了各类别的分类精度和混淆矩阵。选取一段测试数据，将平原输电通道场景测试集的分类效果图展示在图 3-8。从表 3-2 和图 3-8 可以看出，平原场景的分类效果理想，训练集和测试集的总体精度分别为 96.32%和 95.74%。绝大部分的点云都能够分类到正确的类别，为后续电力线和杆塔点云的提取打下基础。

表 3-2　平原场景分类精度　　%

数据集	总体精度	精度	地面	植被	电力线	杆塔	建筑
训练集	96.32	精确率	96.21	96.56	97.56	98.75	95.95
		召回率	95.22	97.12	98.97	97.51	96.04
测试集	95.74	精确率	99.46	80.18	92.49	95.63	93.72
		召回率	95.47	96.93	97.31	94.28	96.32

表 3-3 平原场景训练集分类混合矩阵

真实类别	地面	植被	电力线	杆塔	建筑
地面	660.4×10^{6}	32.4×10^{6}	0.1×10^{6}	3.4×10^{3}	0.7×10^{6}
植被	25.7×10^{6}	914.2×10^{6}	0.1×10^{6}	45×10^{3}	1.3×10^{6}
电力线	78×10^{3}	7.1×10^{3}	12.3×10^{6}	14.9×10^{3}	0
杆塔	90.7×10^{3}	0.3×10^{3}	107×10^{3}	5.1×10^{6}	2×10^{3}
建筑	94×10^{3}	104.6×10^{3}	0.6×10^{3}	0.8×10^{3}	47.5×10^{6}

表 3-4 平原场景测试集分类混合矩阵

真实类别	地面	植被	电力线	杆塔	建筑
地面	94.8×10^{6}	4.1×10^{6}	0.1×10^{6}	3.4×10^{3}	0.3×10^{6}
植被	0.4×10^{6}	16.7×10^{6}	1×10^{3}	4×10^{3}	0.1×10^{6}
电力线	0.3×10^{3}	25.3×10^{3}	2.2×10^{6}	74×10^{3}	0.4×10^{3}
杆塔	14×10^{3}	0.8×10^{3}	77×10^{3}	1.8×10^{6}	8.2×10^{3}
建筑	98.6×10^{3}	0.1×10^{6}	0.6×10^{3}	0.8×10^{3}	6.1×10^{6}

(a)正视图

(b)俯视图

图 3-8 平原场景分类效果图

在山区输电通道场景中，共包含 619×10^{6} 个点云。其中，训练集包含 577×10^{6} 个点云，测试集包含 42×10^{6} 个点云。训练集和测试集中各类别的点云数目列于表 3-5。

表 3-5 山区多源异构遥感数据点云划分与各类别数目

真实类别	训练集	测试集
地面	234.7×10^{6}	32.8×10^{6}
植被	321.6×10^{6}	5.4×10^{6}

续表 3-5

真实类别	训练集	测试集
电力线	5.4×10^6	0.6×10^6
杆塔	1.8×10^6	0.5×10^6
建筑	13.5×10^6	2.7×10^6

与平原数据类似,表 3-6~表 3-8 展示了山区数据各类别的分类精度和混淆矩阵。选取一段测试数据,将山区输电通道场景测试集的分类效果图展示在图 3-9。从表 3-6 和图 3-9 可以看出,山区场景的分类效果与平原场景相差不大,训练集和测试集的总体精度也能达到 A 和 B,说明本书方案能够适应不同场景的分类要求,模型鲁棒性好。

表 3-6 山区场景分类精度 %

数据集	总体精度	精度	地面	植被	电力线	杆塔	建筑
训练集	95.09	精确率	93.90	96.38	91.87	94.57	88.43
		召回率	94.53	95.42	98.12	97.23	96.19
测试集	94.21	精确率	99.41	75.33	87.80	95.65	87.94
		召回率	94.12	94.96	99.37	94.68	91.86

表 3-7 山区场景训练集分类混合矩阵

真实类别	地面	植被	电力线	杆塔	建筑
地面	221.9×10^6	11.2×10^6	30×10^3	1.1×10^3	1.5×10^6
植被	14.2×10^6	306.8×10^6	0.4×10^6	15×10^3	0.2×10^6
电力线	0	12.3×10^3	5.3×10^6	81.3×10^3	0
杆塔	9.7×10^3	0.1×10^3	38.4×10^3	1.7×10^6	0.8×10^3
建筑	0.2×10^6	0.3×10^6	0.2×10^3	0.2×10^3	13.0×10^6

表 3-8 山区场景测试集分类混合矩阵

真实类别	地面	植被	电力线	杆塔	建筑
地面	30.8×10^6	1.6×10^6	8×10^3	17.1×10^3	0.3×10^6
植被	0.1×10^6	5.2×10^6	53×10^3	3×10^3	42×10^3
电力线	0.1×10^3	2.3×10^3	596×10^3	1.2×10^3	0
杆塔	4.6×10^3	0.1×10^3	21.6×10^3	473×10^3	0.7×10^3
建筑	76×10^3	0.1×10^6	0.2×10^3	0.2×10^3	2.5×10^6

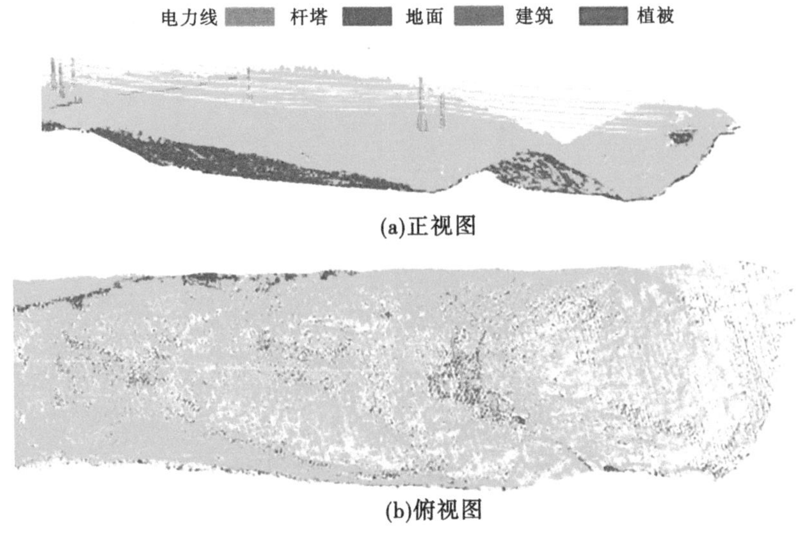

(a)正视图

(b)俯视图

图 3-9 山区场景分类效果图

在平原和山区两个场景中,测试集的总体精度与训练集的差距都很小,说明本书方案对新数据也能达到很好的处理效果,模型的适应性强,应用范围广。在训练集分类结果中,各类别的精确率和召回率都大于 90%,分类效果很好。在测试集分类结果中,植被类别的召回率均大于 90%,但精确率稍差一些。这说明模型中绝大部分真实植被都成功分类到植被类别中,但模型错误地将一部分其余类别点云分类到植被中。可以考虑在之后的模型中加入植被相关的参数对植被进行更精细的筛选。总体来说,本书方案在多样的复杂输电通道场景中都能够获得 95%左右的总体分类精度,能够很好地完成点云分类任务,为分类后各点云的进一步应用提供精确的数据。

4 多源遥感数据协同的输电通道碳汇估算研究

4.1 输电通道植被三维重建与垂直结构提取

4.1.1 数字高程模型生成

无论是地基 LiDAR 点云数据(见图 4-1)还是机载 LiDAR 点云数据(见图 4-2),都可以直接获取林区地面点。在进行输电通道植被三维重建或植被垂直结构提取时,首要的基础工作就是获取林区地面激光点云和冠层激光点云。在第 2 章中,已经对 LiDAR 点云数据进行了滤波,得到地面激光点云。数字高程模型(digital elevation model, DEM)是用于表达表面起伏的数字模型,是表示高程 Z 值关于平面坐标变量 X、Y 的连续函数。生成 DEM 的方法也有许多,如样条函数插值、最邻近点插值、克里金插值、反距离加权插值(inverse distance weight,IDW)、不规则三角网等方法。其中,IDW 方法对于离散点分布均匀适用性高,因此拟采用 IDW 方法对分离的地面点插值生成 DEM,IDW 以估计值和样本间距离的幂次方在一定距离内为权重进行加权平均,数学表达式为

$$Z = \frac{\sum_{i=1}^{n} \frac{Z_i}{(D_i)^P}}{\sum_{i=1}^{n} \frac{1}{(D_i)^P}} \tag{4-1}$$

$$D_i = [(X_0 - X_i)^2 + (Y_0 - Y_i)^2]^{\frac{1}{2}} \tag{4-2}$$

式中:Z 为估计值;Z_i 为第 $i(i=1,2,3,\cdots,n)$ 个搜索样本的属性值;D_i 为距离;p 为 D_i 的幂。

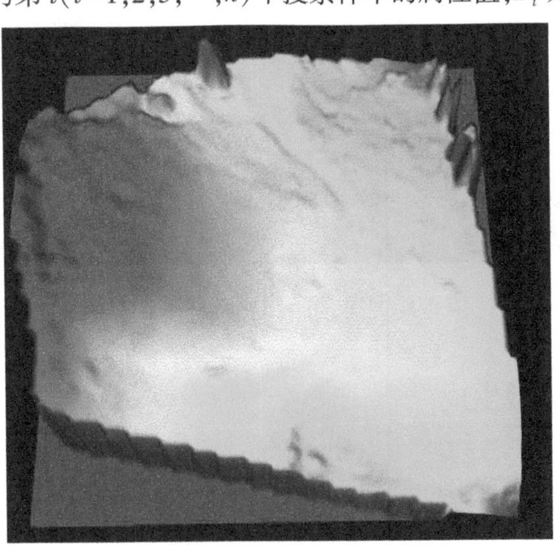

图 4-1 地基 LiDAR 点云数据 DEM 模型

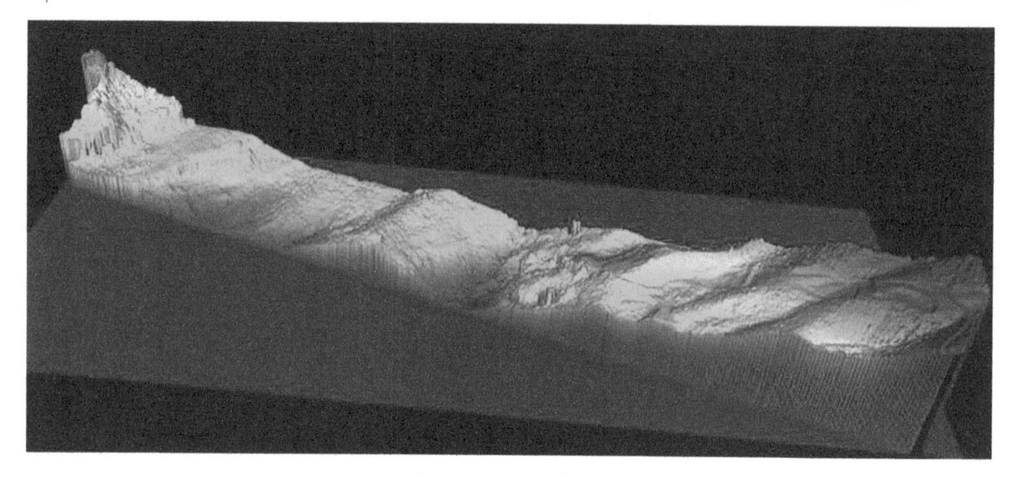

图 4-2 机载 LiDAR 点云数据 DEM 模型

4.1.2 数字表面模型生成

数字表面模型(digital surface model, DSM)是表达地面上方物体表面形态的集合模型,也能够反映出树木在不同高度的冠层状况,如图 4-3 所示。拟采用 IDW 方法对分离的非地面点插值生成 DSM,技术流程与数字高程模型一致。

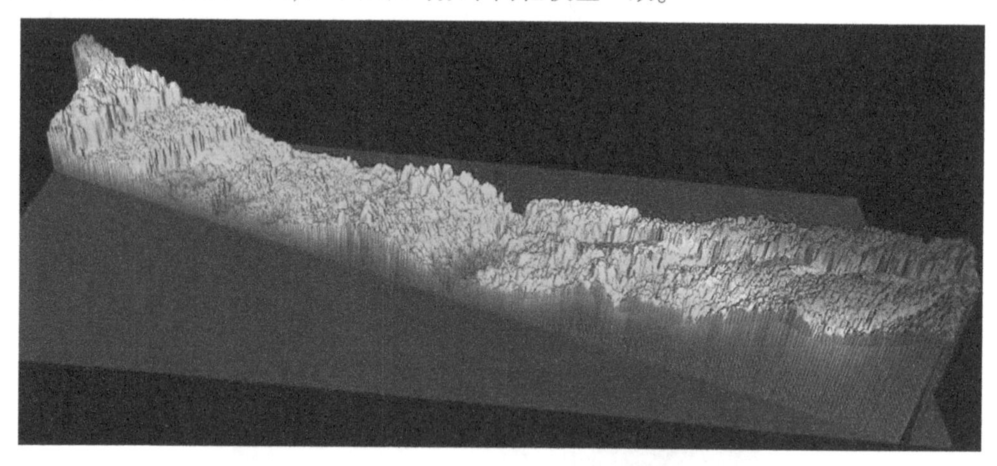

图 4-3 IDW 方法生成的 DSM 示意图

4.1.3 冠层高度模型生成

冠层高度模型(canopy height model,CHM)是一种描述森林顶层至地面的垂直距离的模型,它揭示了森林顶层在空间上的水平及垂直的分布情况,常作为其他森林结构和生态参数反演模型的关键输入参数,如树高、冠幅、胸径、生物量、蓄积量、单木数量等[112]。图 4-4~图 4-6 为冠层高度模型的原理与示意图。拟采用数字表面模型与数字高程模型做差，即可得到冠层高度模型，具体步骤如下：

（1）依据点云密度的统计特性和点云数据的整体范围等对点云进行格网化。

（2）将格网内的局部最大值与地面点进行栅格差值运算。

（3）重复上述步骤，直至每个格网运算完毕。

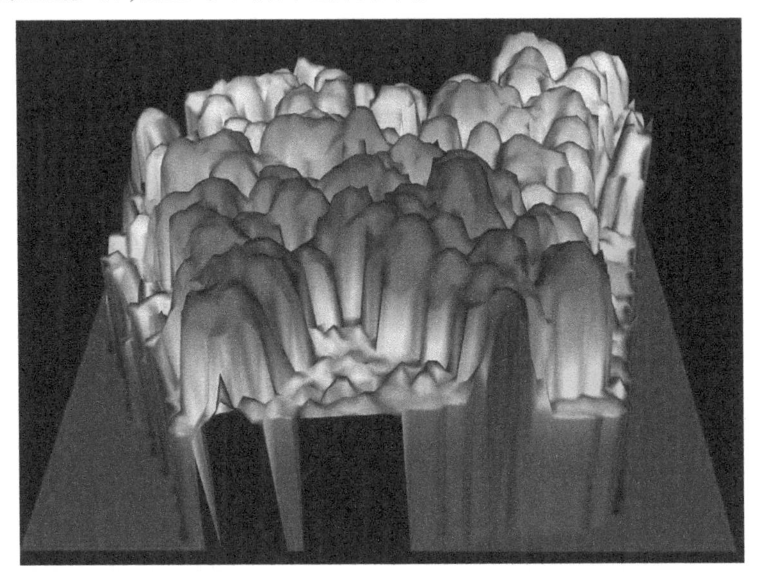

图 4-4　进行点云格网化

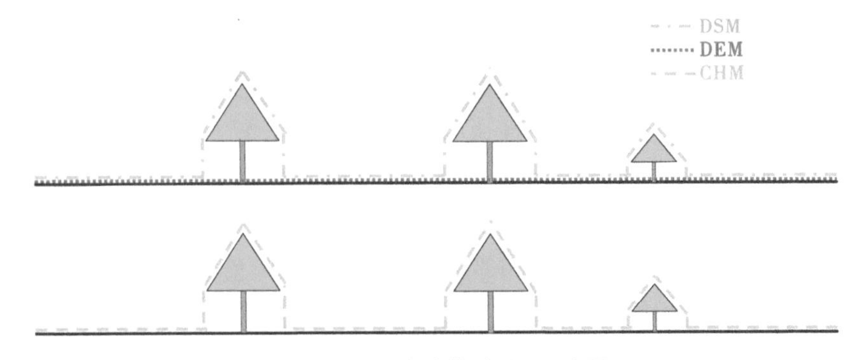

图 4-5　冠层高度模型原理示意图

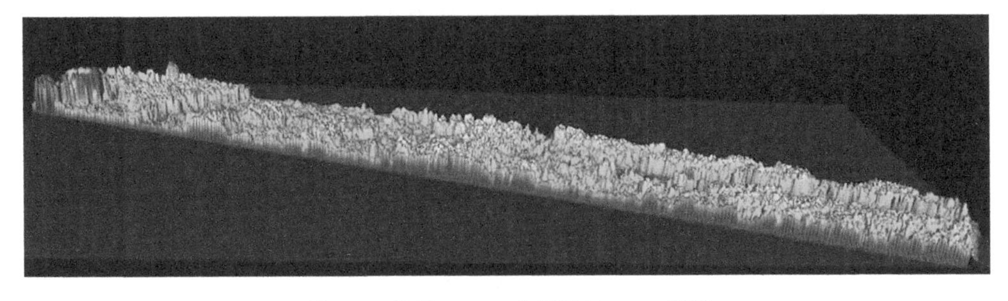

图 4-6　机载 LiDAR 点云数据 CHM 模型

4.1.4 单木分割

4.1.4.1 基于点云分割单木

基于点云分割单木是一种自上而下的分割方法，它通过分析树冠间距离来识别单棵树木，图4-7为相邻树木不同层的距离示意图。图4-7(a)中对于两棵单独的树，其顶点A、B距离d_{AB}大于冠层底端C、D的距离d_{CD}；图4-7(b)中对于两棵重叠的树，即便树冠底部C、D为重叠状，顶部A、B依旧有一定距离间隔。因此，在进行单木分割时，采用一种基于树顶点的方法，通过树木之间的距离来识别和区分单棵树。具体步骤[112]如下：

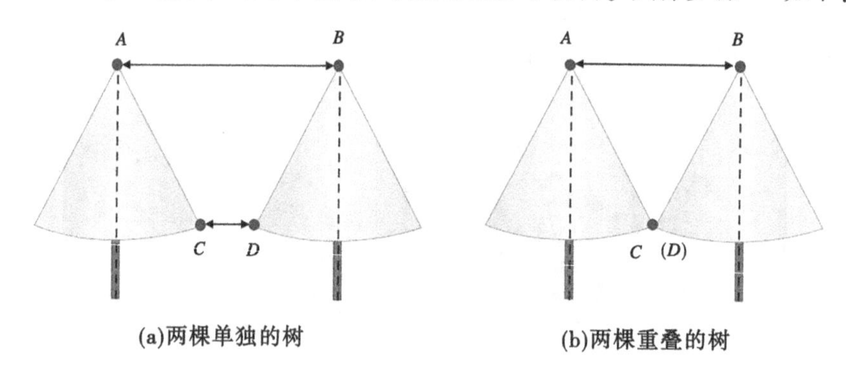

图4-7 相邻树木不同层距离示意图

(1)数据预处理。对原始点云数据进行归一化处理，这有助于消除地形变化对分割结果的潜在影响，从而确保得到的高度是从地面直接到树冠的准确测量。

(2)阈值设定与点云比较。从每棵树的最高点开始，设置一个阈值来评估点云之间的距离。这个阈值是基于树木间的实际空间分布来确定的，以确保点云能够被正确地归类到各自的树木上。

(3)点云生长与分类。通过比较相邻点云间的距离与阈值的关系，可以“生长”出目标树的点云模型。如果相邻点云的距离大于阈值，它们就被视为不属于同一棵树；如果距离小于阈值，则根据最近点原则进行归类。

(4)迭代优化。这个过程会不断重复，直到所有的点云都被分配到相应的树木中。在每一轮迭代中，都会根据点云的分布情况来调整阈值，以提高分割的精确度。

(5)单木提取。根据已经分类的点云，可以分割出单棵树木的三维模型。这些模型可以用来进一步分析树木的结构特征，如树高、冠层密度等。

在整个分割过程中，阈值的设定是一个关键因素，它需要根据树木的种类、大小及森林的密度来灵活调整。理想情况下，阈值应该接近于树冠半径的大小，这样可以最大限度地减少错误分类的情况，从而提高分割的质量和效率。

4.1.4.2 基于CHM分割单木

基于CHM分割单木是指利用点云数据间接生成栅格数据，并采用图像学中标记控制的分水岭分割树木。首先对 CHM 模型进行高斯滤波处理,然后通过滑动窗口寻找局部最大值,最后通过标记控制的分水岭分割算法提取单木边界[113]。

1. 树顶探测

在自然生长的森林中,树冠的最高点通常被视为树顶。这一点在激光扫描的点云数据中表现为高程的局部最大值。为了探测树顶,通常使用局部最大值法。这种方法涉及在冠层高度模型(CHM)或光学影像上移动一个窗口,以识别每棵树冠的最高点。

2. 标记控制分水岭

分水岭算法是一种图像分割技术,它通过模拟水流来区分图像中的不同特征。在三维空间中,其中两个维度代表坐标,而第三个维度代表灰度级。应用分水岭算法时,需关注三类点:局部极小值点、水滴会自然流向的单一极小值点,以及水可能均匀流向两个方向的极小值点。通过这种方法,可以在图像中创建水槽和堤坝,后者作为分割线将不同的特征区分开来。操作过程包括将灰度图像颠倒,使局部最大值变为局部极小值,然后在这些极小值点上注水,随着水位的上升,水槽被淹没,堤坝的顶部形成了分水线。图 4-8 为四个拥有局部极小值的图像模型的分水岭分割过程,其中图 4-8(a)为使用局部最大值完成树顶标记;图 4-8(b)为将灰度值倒转的图像;图 4-8(c)为从局部极小值点慢慢注水;图 4-8(d)为淹没集水盆。图 4-9、图 4-10 为最终的单木分割结果。

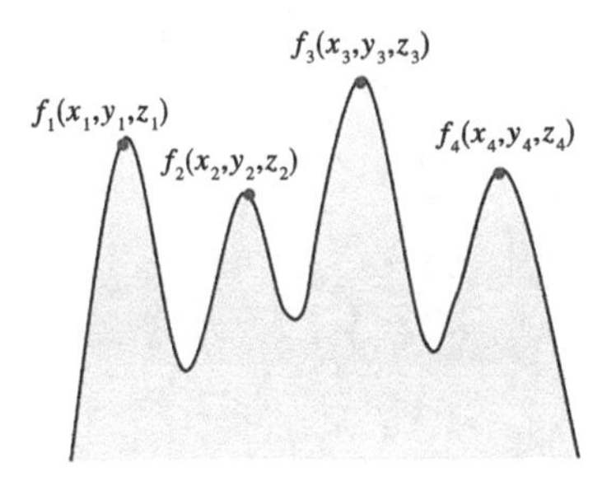

(a)使用局部最大值完成树顶标记

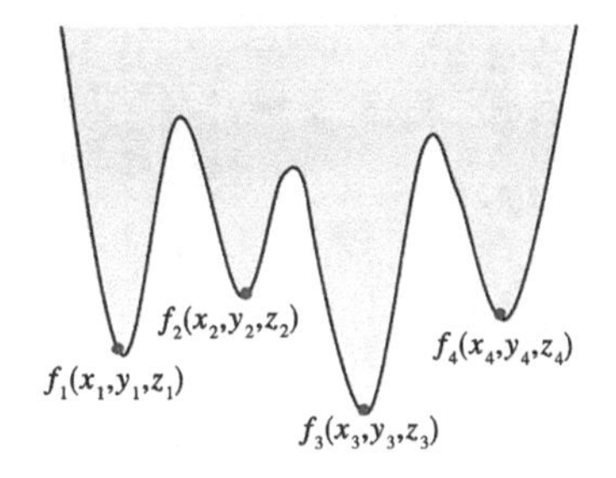

(b)将灰度值倒转的图像

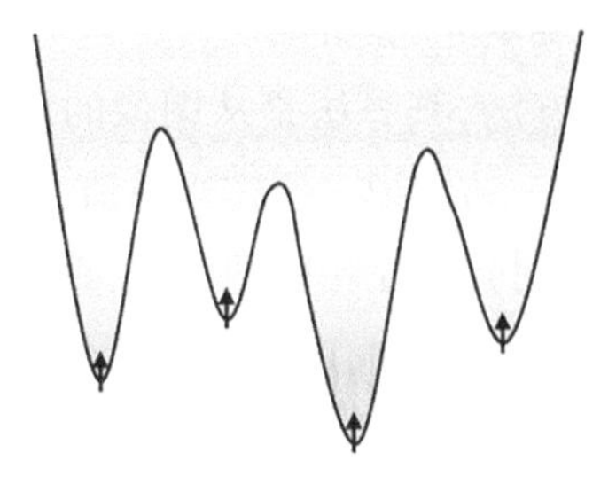

(c)从局部极小值点慢慢注水

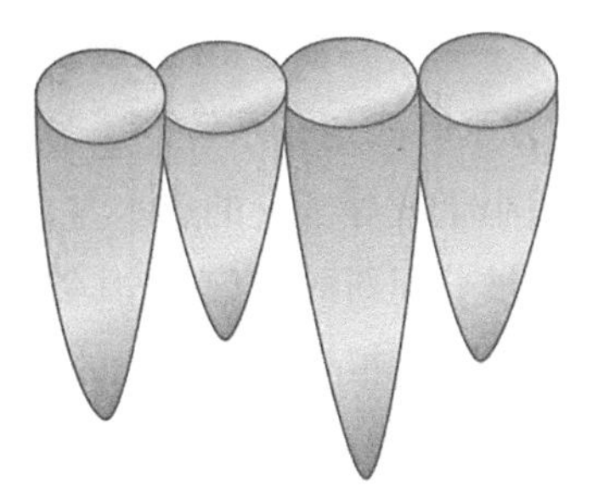

(d)淹没集水盆

图 4-8　分水岭分割过程示意图

图 4-9 地基 LiDAR 点云数据单木分割结果

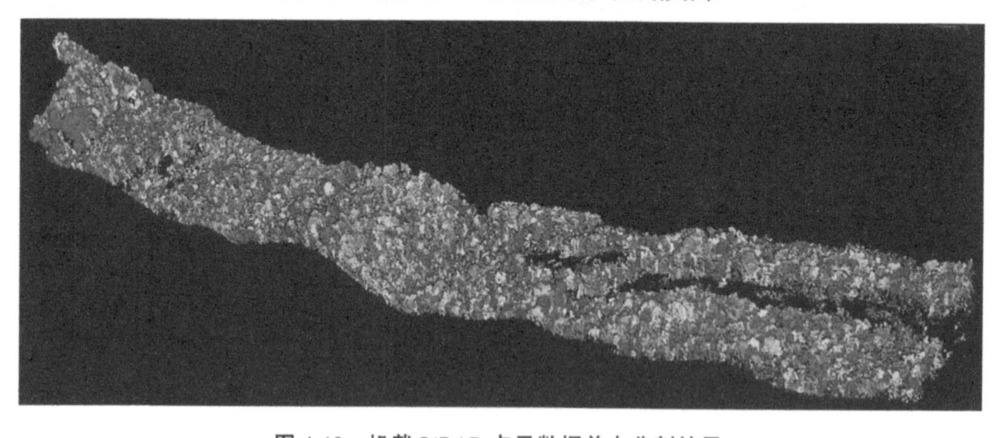

图 4-10 机载 LiDAR 点云数据单木分割结果

标记控制分水岭法是分水岭方法的一种改进方法，其算法是从图像的局部极小值开始，每个极小值小于或等于 n 的集水盆会被分配唯一的标记。假定当前值为 n+1，若其邻域无标记，则会被分配新的标记；若其邻域有标记，则会分配相同的标记，重复迭代直至所有像元被标记。最后，根据已经标记的位置执行分水岭分割，即可围绕树种点生成树冠轮廓多边形。

4.1.5 输电通道植被三维重建

在对合并后的地基 LiDAR 点云数据进行合并后，首先对点云数据进行去噪，以消除粉尘及机身震动带来的影响；接下来使用交互方式去除灌木和地面。对于获取的点云数据，首先进行预处理。使用 k-d 树(k-dimensiond tree)来构建近邻关系图，并利用 Dijkstra 算法求算出子图的根节点。一旦检测到有效路径，就使用探测半径计算关键路径。接下来，计算树枝的骨架，并对初始骨架进行 Bézier 曲线半径平滑，以获得平滑的骨架。最后，将这些骨架连接起来，通过应用半径平滑和圆柱拟合技术，可以有效地减轻因点云密度较低而导致的拟合不足问题，这样做有助于在分析树木结构时，尽可能地保留树枝的细微特征[114]。

在构建近邻关系图时，面临的挑战是如何在离散点与连续点之间建立有效的联系。为了解决这个问题，本书采用了构建近邻关系图的方法。这种图的构建是为了将空间中距离相近的点连接起来，形成一个点的网络。构建这样的图主要依赖于点与点之间的距离，而最终的网络结构则取决于设定的距离阈值 δ。为了提高近邻查找的效率，本书使用 k-d 树[115]这一数据结构来加速这一过程。

在确定子图的根节点时，首先选取一段高于地面 5~10 cm 的水平切片作为树木基部的参考。接下来，计算基部点云在 $Z=Z_{\min}$ 平面上的投影点坐标值 C_b。然后，从这些基部点中选择一个与几何中心 C_b 最接近的点作为子图的源点，即全树的根节点。但是，还需要为其他子图确定根节点。这是一个递归过程：首先，将已经确定源点的子图合并，构建一棵 k-d 树 T；然后，在尚未确定源点的子图中，选择距离 k-d 树 T 最近的点作为其根节点。这个过程会不断重复，直到所有子图的根节点都被成功确定[116]。

之后，要考虑有效路径的检测。有效路径是由非路径中间点定义的路径，能够将离散的点按照一定顺序连接起来，以此获取树枝的连接关系。首先明确每条路径的末端点与中间点。使用一种基于路过次数的方法来确定有效路径的起点，这些有效路径的起点都是子图的边界点，而终点都是子图的根节点。

接下来，要计算关键路径。关键路径是能够表达子图拓扑结构的有效路径，其中那些路径长度较大的能够更好地描述子图的形状。采用了剔除法来计算关键路径：首先假设所有的有效路径都是关键路径，然后再将不合适的路径剔除。从关键路径的起点开始，遍历至根节点，使用探测半径为 r 的球查找近邻[117]。如果近邻中存在有效路径的起点，则标记为剔除。最后，所有没有被剔除的有效路径就是关键路径。这些关键路径能够帮助我们初步得到树枝骨架的雏形。

自然生长的树木每个枝干表面基本上都是光滑且连续的。这意味着树枝骨架节点的半径通常符合植物学的经验公式，并且相邻骨架点的半径之间呈平滑过渡。然而，由于过拟合、拟合不足或噪声干扰等因素，初始骨架的半径可能不够平滑，因此需要对半径进行一次平滑处理。

首先对末梢的 n 个骨架点计算半径区间 $[R_{\min}, R_{\max}]$。然后将区间划分为 k 份，得到 k 个区间 $[R_{\min}+id_r, R_{\min}+(i+1)\cdot d_r]$，其中 $i=0,\cdots,(k-1)$，且 $R_{\max}=k\cdot d_r$，$d_r=(R_{\max}-R_{\min})/k$。之后统计骨架点半径在各区间内数量 n_i，$i=0,\cdots,(k-1)$。去掉首尾区间频数之和，记为

$n^* = n_1 + \cdots + n_{k-2}$。以此可以估计第 $n/2$ 个骨架点的半径值为

$$R^* = \begin{cases} \dfrac{\gamma^{n/2}}{n^*} \sum_{i=1}^{k-2} n_i \left(R_{\min} + i \cdot \dfrac{d_{\mathrm{r}}}{2} \right) & n^* > 0 \\ c & n^* > 0 \end{cases} \tag{4-3}$$

式中：γ 为末端半径平滑衰减系数，一般 $\gamma = 0.998$。

如果 $n^* > 0$，则 R^* 的估计值有效；否则，$R^* = c$，其中 c 是用户指定的树枝末端最小半径。

此外，还需要考虑半径随机变化的最大标准差 δ，一般 $\delta = 0.01$。沿树枝末端逐步向树根方向检查初始半径 r_i 是否介于容忍区间 $\left[R_{i-1} \cdot \left(\dfrac{L_i}{L_{i-1}} \right)^{\Gamma} - \delta, R_{i-1} \cdot \left(\dfrac{L_i}{L_{i-1}} \right)^{\Gamma} + \delta \right]$ 内。如果 r_i 在此区间之内，则不更新；否则，更新为区间中间值：$R_i = R_{i-1} \cdot \left(\dfrac{L_i}{L_{i-1}} \right)^{\Gamma}$。

我们考虑了树枝节点的半径 R 和节点后树枝长度 L_i，以往研究中参数 Γ 常设置为 0.666[118]。在本书中，经过实验，将参数 Γ 设置为 1/2。这个参数反映了树枝半径随长度的衰减规律，其具体数值还与树种的特性密切相关。

最后，可以利用这些半径信息来构建树枝的表面网格模型。通过连接相邻骨架点，可以绘制出树枝的形状，并配置树叶及其纹理，从而重建整棵树的三维结构。重建结果如图 4-11、图 4-12 所示，其中图 4-11 为单木点云与重建模型，图 4-12 为输电通道植被场景三维重建结果。

(a)单木点云(1)

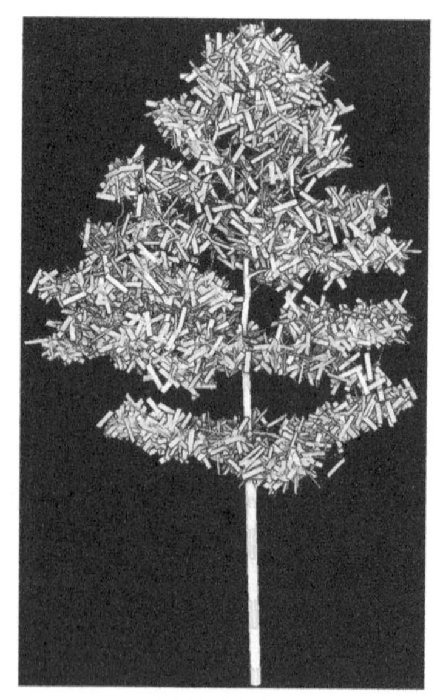

(b)重建模型(1)

图 4-11　输电通道单木点云与重建模型

(c)单木点云(2)　　(d)重建模型(2)

(e)单木点云(3)　　(f)重建模型(3)

续图 4-11

4.1.6 输电通道植被垂直结构提取

森林结构参数是衡量森林的生长状况、空间布局和生态效益的关键指标,同时也构成了分析全球森林生态系统中碳循环平衡的基本要素。作为森林生态系统的基本构成单

图 4-12 输电通道植被场景三维重建结果

元,树木的结构参数(如树高、树冠直径、胸径和树冠体积等),对于林业科学研究至关重要。准确测定这些参数是林业研究领域的一个热点问题。在对输电通道进行单木分割处理后,对单木的结构参数进行提取。

4.1.6.1 **单木树高**

树高是单木点云范围内的最高点与地面点之间的高度差值。在单木分割后位置的基础上,提取单木垂直方向最高点的值和最低点的值 z,根据树高计算公式获取单木树高,公式为

$$H_i = \max(z_i) - \min(z_i) \tag{4-4}$$

式中:i 为第 i 株单木的点云;$\max(z_i)$ 为该树点云最高点的值;$\min(z_i)$ 为该树点云最低点的值。

依据公式逐一计算每一单木的树高。

4.1.6.2 **冠幅**

树冠冠幅是衡量树木或苗木规格的重要指标之一,通常用于描述树冠在南北和东西方向上的平均宽度。与树冠直径类似,树冠冠幅在不同树种之间存在差异,并且不同方向上的树冠宽度比值也可能不同。为了更好地利用这些方向上的差异,将树冠宽度分为东西方向冠幅和南北方向冠幅,以这两者共同表示一棵树的冠幅。

在完整的单木树冠点云中,定义树冠在东方向伸展最远位置为 X_{maxc},同样在西方向伸展最远位置为 X_{minc},其差值为东西方向冠幅 E;定义树冠在北方向伸展最远位置为 Y_{maxc},在南方向伸展最远位置为 Y_{minc},其差值为南北方向冠幅 N[119]。

东西方向冠幅计算公式为

$$E = X_{maxc} - X_{minc} \tag{4-5}$$

南北方向冠幅计算公式为

$$N = Y_{\text{maxc}} - Y_{\text{minc}} \tag{4-6}$$

4.1.6.3　**树冠表面积**

根据点云数据默认的空间直角坐标系 XYZ,其中垂直方向为 Z 轴,东西方向为 X 轴,南北方向为 Y 轴。分别计算 X 轴、Y 轴和 Z 轴三个方向上点云坐标最大值与最小值的差值,根据这三个差值作为标准来确定所要建立体元的范围,使保证建立的体元能够完整地包含所有的点云。假定体元边长为 a,在 Z 轴方向上则可以将空间划分为 $n=Z/a$ 层,对于第 i 层的体元,将其垂直投影到同一水平面上,并建立每个正方形体元之间的拓扑关系。通过遍历每个正方形体元,记录它与其他正方形体元的邻接数量。邻接数量与独立边的关系如下:与 4 个正方形邻接 0 条独立边,与 3 个正方形邻接 1 条独立边,与 2 个正方形邻接 2 条独立边,与 1 个正方形邻接 3 条独立边,通过统计所有正方形的邻接数量,可以得出每一层的独立边个数。设第 i 层独立边个数为 J_i,依次计算每一层独立边个数,计算树冠表面积公式可表示为

$$\text{Surface} = \sum_{i}^{n} J_i a^2 \tag{4-7}$$

其中,树冠表面积记为 Surface,体元边长 $a=0.1$ m。

4.1.6.4　**树冠体积**

树冠体积提取采用“体元模拟法”,算法的核心是使用无数个小立方体(体元)来模拟树冠的形状。这些体元的边长为 k,因此体元的体积为 k^3,树冠的体积计算基于所有的有效体元的数量乘以每个体元体积。

具体流程如下:把树冠点云数据沿 Z 轴方向以 k 为步长进行等间距的分割,得到 n 个树冠分段,当 k 逼近无穷小时,n 逼近无穷大,此时树冠体积可理解为由 n 段底面面积为 S_Z、高为 k 的不规则柱体组成。将每段不规则柱体点云投影到 XY 平面,再沿 X 轴和 Y 轴方向分别以 k 为步长等距离分割,生成 $i \times j$ 个像元。当一个像元至少包含一个树冠投影点云时,认定该像元为有效像元,记为 1;反之,记为 0。将有效像元个数 T_Z 与单位像元面积求乘积得到该分段不规则柱体的表面面积 S_Z,计算公式如下:

$$S_Z = kkT_Z \qquad (Z = 1,2,3,\cdots,n) \tag{4-8}$$

则树冠体积 V 的计算公式为

$$V = S_1 k + S_2 k + \cdots + S_Z k = kkk(T_1 + T_2 + \cdots + T_Z) = k^3 \sum_{Z=1}^{n} T_Z \tag{4-9}$$

在对机载 LiDAR 点云数据去除场景中的电力线后,对其单木分割进行处理,之后提取上述单木结构参数。输电通道场景各地物点云分布如图 4-13 所示。

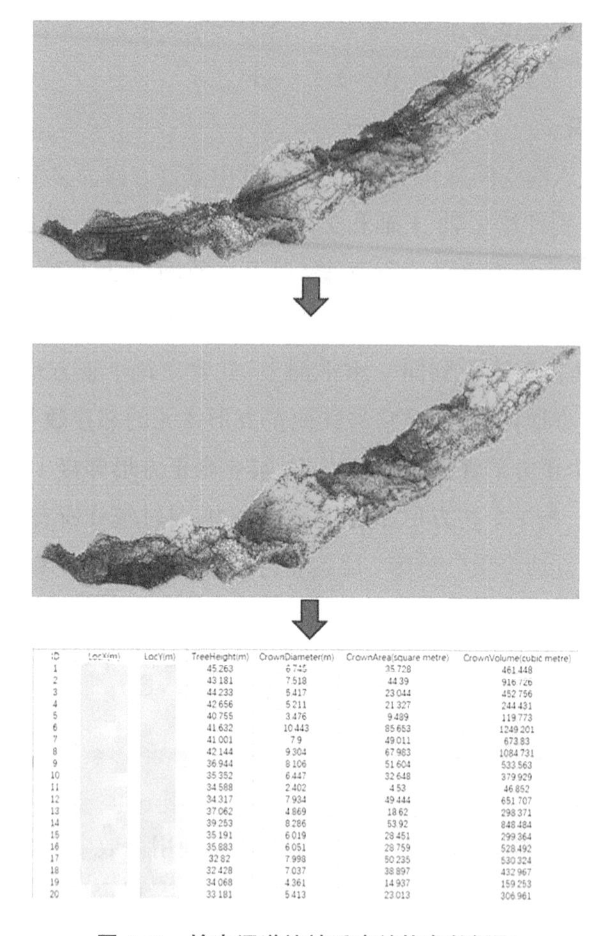

ID	LocX(m)	LocY(m)	TreeHeight(m)	CrownDiameter(m)	CrownArea(square metre)	CrownVolume(cubic metre)
1			45.263	6.745	35.728	461.448
2			43.181	7.518	44.39	916.726
3			44.233	5.417	23.044	452.756
4			42.656	5.211	21.327	244.431
5			40.755	3.476	9.489	119.773
6			41.632	10.443	85.653	1249.201
7			41.001	7.9	49.011	673.83
8			42.144	9.304	67.983	1084.731
9			36.944	8.106	51.604	533.563
10			35.352	6.447	32.648	379.929
11			34.588	2.402	4.53	46.852
12			34.317	7.934	49.444	651.707
13			37.062	4.869	18.62	298.371
14			39.253	8.286	53.92	848.484
15			35.191	6.019	28.451	299.364
16			35.883	6.051	28.759	528.492
17			32.82	7.998	50.235	530.324
18			32.428	7.037	38.897	432.967
19			34.068	4.361	14.937	159.253
20			33.181	5.413	23.013	306.961

图 4-13　输电通道植被垂直结构参数提取

4.2　输电通道地上生物量外推模型构建与制图

在已知光斑点生物量估算值后，本书联合光学遥感数据波段特征，以及利用波段计算得到的植被指数、SRTM DEM 数据提取得到的地形数据等遥感特征变量，利用随机森林方法进行生物量外推模型的构建，以此将光斑尺度的生物量拓展为连续空间，从而实现研究区 30 m 分辨率的生物量制图。主被动遥感协同的生物量制图流程如图 4-14 所示。

4.2.1　特征参数计算

本书为了保证生物量外推模型构建的准确性，基于 Sentinel-2 光学遥感影像数据计算多个植被指数。首先，为了避免云效应，仅保留云覆盖率小于 10%的影像；当处理同一网格中存在的多个影像值时，取这些值的中位数作为该网格的影像值。然后，利用适用于植被特性的遥感影像数据公式，对不同的植被指数进行独立计算，见表 4-1。此外，本书

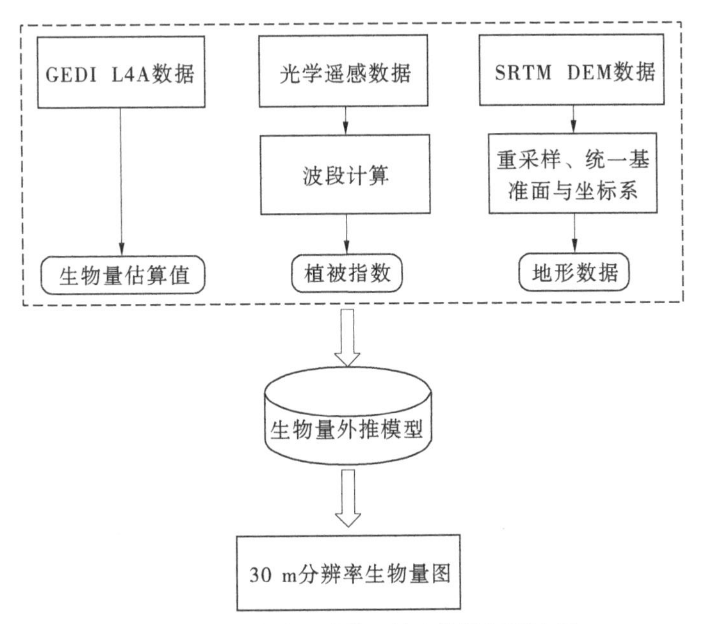

图 4-14　主被动遥感协同的生物量制图流程

基于 SRTM DEM 数据提取了地形数据，如地面高程和坡向等，对其重采样至 30 m 空间分辨率和坐标系的统一。

表 4-1　遥感特征参数提取

数据名称	特征参数名称	计算公式
Sentinel-2	比值指数 RVI	B_8/B_4
	增强型植被指数 EVI	$2.5\times[(B_8-B_4)/(B_8+6\times B_4-7.5\times B_2+1)]$
	差值环境植被指数 DVI	B_8-B_4
	归一化植被指数 NDVI	$(B_8-B_4)/(B_8+B_4)$
	红绿蓝植被指数 RGBVI	$(B_3^2-B_4\times B_2)/(B_3^2+B_4\times B_2)$
	可见光波段差值植被指数 VDVI	$(2B_3-B_4-B_2)/(2B_3+B_4+B_2)$
	草地叶绿素含量估测植被指数 GCI	$B_8/(B_3-1)$
	非线性植被指数 NLI	$(B_8^2-B_4)/(B_8^2+B_4)$
	改良非线性植被指数 MNLI	$(B_8^2-B_4)\times 1.5/(B_8^2+B_4+0.5)$
	综合效应植被指数 MVI	$[B_8-(B_4+B_{11})]/[B_8+(B_4+B_{11})]$
	改进型归一化差值水体指数 MNDWI	$(B_3-B_{11})/(B_3+B_{11})$
	水体指数 NDWI	$(B_3-B_8)/(B_3+B_8)$
	建筑指数 NDBI	$(B_{11}-B_8)/(B_{11}+B_8)$
	土壤调节植被指数 SAVI	$[(B_8-B_4)\times 1.5]/(B_8+B_4+0.5)$

续表 4-1

数据名称	特征参数名称	计算公式
SRTM DEM	Ele	地面高程/m
	Aspect	坡向/(°)

4.2.2 生物量外推模型构建

由于 GEDI 数据光斑点之间存在着沿轨距离和轨道间距,因此呈现离散分布的现象,而光学遥感影像虽然不能准确地获取森林的垂直结构信息,但是能够获取水平结构信息且连续分布,将两者结合能够实现点到面的外推,从而实现森林生物量的空间连续制图。因此,本书利用 GEDI L4A 的生物量样本集和遥感特征参数集,构建点到面的生物量外推模型。

本书使用随机森林方法进行外推模型的构建,在使用随机森林构建模型时,首先,根据添加到模型的遥感特征参数个数,设置 mtry(随机森林从所有特征中选取的特征数)为特征个数的 1/3,而 ntree(随机森林)经过不断地实验,最终将其设置为 500;其次,为了减少随机森林使用的协变量参数导致可能出现的过拟合现象,根据 IncNodePurity(节点纯度)对模型训练所用到的特征参数进行重要性排序,选取变量重要性靠前的特征参数进行外推模型构建,其中,IncNodePurity 是一个衡量回归变量重要性的指标。这个指标的值越大,表明相应的变量对模型的贡献越大,因而变量的重要性也越高。在特征选择完成后,这些重要的特征参数将被用作构建外推模型的自变量,而生物量样本集则作为模型的因变量;最后,本书随机选取 70%生物量样本集和对应遥感特征参数集进行回归训练,而剩下的 30%样本用来验证外推模型精度。

将 Sentinel-2 光学影像的波段和计算得到的植被参数作为自变量加入到生物量外推模型中,生物量样本集作为因变量,变量重要性如图 4-15 所示,本书选取重要性排序在前 80%的特征变量用于构建生物量外推模型,即图 4-15 中标记为绿色的变量。

4.2.3 30 m 分辨率生物量制图

本书结合星载激光雷达数据、光学遥感数据构建生物量外推模型,完成了输电通道区域 30 m 分辨率生物量制图,在制图后,利用全球 30 m 精细地表覆盖产品数据去除了非植被的地物。最终生物量制图结果如图 4-16 所示。

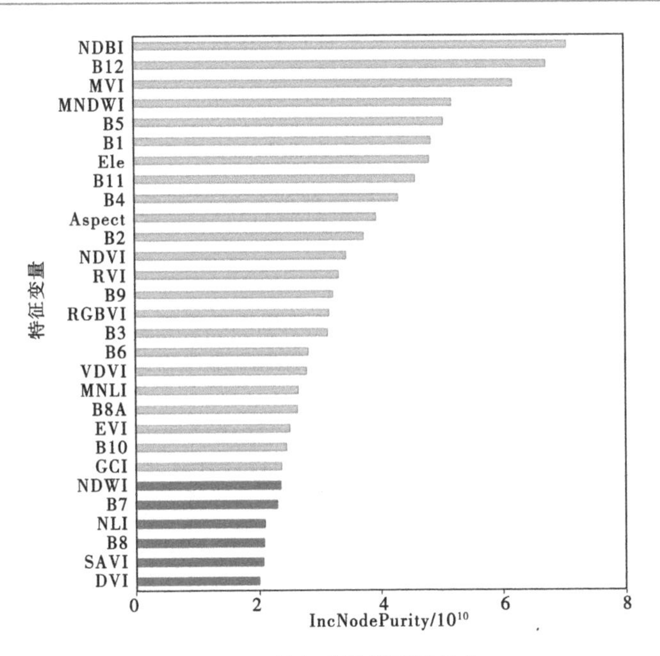

图 4-15　特征变量重要性排序

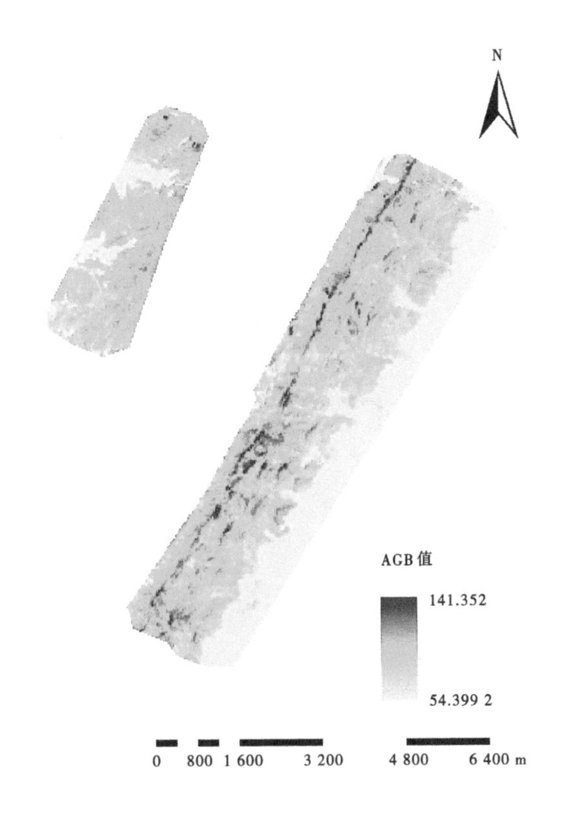

图 4-16　输电通道 30 m 生物量制图

5 输电通道植被碳汇恢复潜力预测与优化方法研究

5.1　SAM 树种分类法

在树种分类的过程中,选择了光谱角制(spectrum angle mapper, SAM)作为分类算法。SAM 分类法是一种用于评估目标光谱与已知参考光谱之间相似性的方法。其核心思想是通过计算两者之间的“角度”来确定它们之间的相似程度。这种方法的应用范围广泛,可以适用于不同类型的遥感数据,如实验室采集的光谱数据或者野外获取的地面光谱信息,甚至是从遥感影像中提取的像元光谱。在 SAM 分类法中,参考光谱通常是已知的光谱数据,可以是经过实验室测量得到的,也可以是在野外进行调查和监测获得的。这些参考光谱作为分类的基准,用于与目标光谱进行比较和相似性评估。通过分析目标光谱和已知参考光谱之间的夹角,可以得出它们之间的相似程度,进而进行分类判断,如图 5-1 所示。SAM 分类法利用夹角来表示两个光谱之间的相似程度。夹角越小,说明两个光谱的相似性越高,因此它们被归为同一类的可能性也较大;反之,夹角越大,则表示两个光谱的相似性较低,归为同一类的可能性也较小。在实际应用中,SAM 分类法通常将训练样本的光谱和目标像元的光谱直接进行比较,得到的结果是介于 0~180°之间的角度数值。通过这个角度数值,就可以确定目标像元所属的类别,从而实现了树种分类的目标。SAM 分类法作为一种常用的遥感数据分类算法,具有较好的适用性和稳健性,能够在不同的遥感数据集上进行有效的分类。通过合理选择参考光谱和优化分类参数,SAM 分类法能够准确地对目标区域的植被进行分类,为生态环境监测和资源管理提供重要支持。

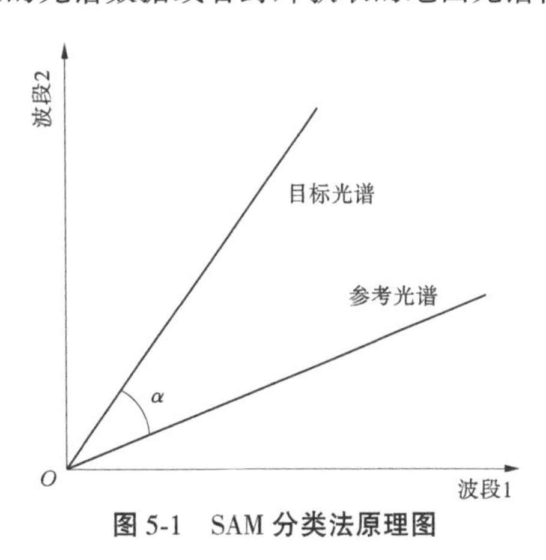

图 5-1　SAM 分类法原理图

5.2　树木生长模型的建立

基于树种分类研究的成果,展开了一系列重要工作。首先,针对试验区的输电线路上的树木进行了高度和树冠大小的提取和测量工作。这项工作是基于先前的树种分类研究成果,通过对遥感数据的分析和处理,成功获取了树木的相关信息,为后续工作奠定了基础。

根据国家电网颁布的标准和对输电通道保护范围内树木对输电线路安全运行的影响程度进行评估,可将树障的类别划分为紧急、重大和一般三个等级。紧急级别表示树木对输电线路的威胁程度较高,需要立即采取行动解决;重大级别表示树木存在一定的威胁,需要及时处理以确保输电线路的安全运行;一般级别表示树木对输电线路的威胁相对较低,可以在适当的时间内加以处理。这种分类方法有助于电网管理部门根据实际情况制定相应的管理和维护计划,及时处置潜在的安全隐患,保障输电线路的稳定运行。按照电力建设安全工作规程规定,一般电压在 500 kV 时,安全距离应设定在 7 m;在 220 kV 时,安全距离在 4.5 m;在 35~110 kV 时,安全距离在 4.0 m;小于或等于 10 kV 时,距离设定在 3.0 m。一般认为树障与电力线路之间需要保持 7 m 的安全距离。这一规定的制定是为了确保输电线路的安全运行,防止树木的生长对电网造成不利影响。通过保持足够的安全距离,可以有效减少树木因生长导致的可能危险,确保电力系统的稳定性和可靠性。在获得树木的基本信息之后,进一步结合不同树种的生长规律,利用智能化的方法建立树木生长模型。这些模型不仅考虑了树种的特性,还充分考虑了环境因素对树木生长的影响,具有较高的预测准确性。通过这些模型,能够对高秆树木的生长趋势进行准确预测,并及时发现生长异常情况,为树木管理提供了重要的科学依据。

此外,还着重于监测树木与输电线路之间的安全距离。针对树木与导线之间的安全问题,采取了严密的监测和评估措施。通过利用预测模型对树木的最终高度和宽度进行评估,能够及时发现潜在的安全隐患,并采取必要的措施加以解决。特别是在面对最大弧垂和最大风偏等极端情况时,预测模型能够准确评估树木与导线之间的安全距离,确保输电线路的安全运行。

综上所述,不仅在树种分类研究的基础上取得了重要成果,还为输电线路的安全管理提供了有效的技术支持。通过对树木生长情况和安全距离的全面监测和预测,能够及时发现问题并采取措施,确保输电线路的正常运行,为能源输送和供电提供了可靠的保障。

本书需要采用合理的数学模型来预测树木的生长规律,计划采用基于支持向量回归(SVR)方法来构建模型。支持向量机(support vector machine,SVM)是一种二分类模型,支持向量机的基本思想是结构风险最小化。这种方法具有以下特点[120]:

(1)支持向量机遵循结构风险最小化(SRM)原则,以确保模型后面的表现具有良好的泛化能力。

(2)SVM 算法输入向量决定了算法复杂度相关的问题。

(3)通过将核函数使用到后期的计算中,主要是将 SVM 中的非线性问题映射到高维特征空间,并在高维空间中构建线性判别函数。

(4)支持向量机基于统计学理论,与传统的统计学习方法有所不同。传统方法通常依赖于大量样本数据来获得最优解,而 SVM 则专注于小样本情况进行优化。SVM 通过有限的样本信息,利用结构风险最小化原则,来寻找最优解,而不是依赖于无限大样本的数据。这使得 SVM 在小样本学习环境中具有独特的优势和更强的泛化能力。

(5)支持向量机算法通过将优化问题转化为凸优化问题,从而保证了其全局最优性。凸优化问题的一个显著特点是其所有局部最优解也是全局最优解,这意味着 SVM 能够有效避免像神经网络那样容易陷入局部最小值的困境。因此,SVM 在求解过程中可以始终找到全局最佳解,确保算法的稳定性和可靠性。这种全局最优性的保证,使得 SVM 在许多实际应用中表现出色,特别是在处理复杂的分类和回归问题时。

(6)支持向量机拥有严格的理论和数学基础,这为其提供了坚实的理论支撑。与神经网络相比,SVM 在模型构建过程中依赖于明确的数学原理和统计学理论,而非仅靠大量数据和经验进行训练。因此,SVM 在设计和优化过程中更加系统化和规范化,减少了对经验成分的依赖。通过这种方式,SVM 能够更有效地处理各种复杂的模式识别和分类问题,其结果具有更高的可信度和可解释性。这种理论基础的优势使得 SVM 在许多实际应用中能够提供更稳定和可靠的性能,从而广泛应用于各种科学研究和工程实践中。

支持向量回归算法是在支持向量机的基础上引入了 ε 不敏感函数,并将其推广至非线性回归估计中,表现出了良好的学习能力。它是对传统的 BP 神经网络学习算法和最小二乘法的改良,是一种更为理想的曲线拟合方案。因此,本书选择 SVR 方法来预测树木的生长模型。

支持向量回归算法的核心是 ε 不敏感损失函数和核函数。通常,ε 不敏感函数用于形成"ε 管道",用来包络拟合的数学模型曲线和训练点。在所有训练样本中,只有分布在"管壁"上的样本点决定了管道的位置,所以这些关键样本点被称为"支持向量"。这种方法很有效地简化了模型,因为它只依赖少量"支持向量",而非全部训练数据。这样来说,模型的优点更加明确,算法更加精确。传统上,处理非线性训练样本的方法通常是在线性方程中添加高阶项。虽然这种方法能提高模型的拟合能力,但也容易导致过拟合。支持向量回归通过引入核函数巧妙地解决了这一问题。核函数能够将数据映射到高维特征空间,使原本的线性算法"非线性化",从而能够处理非线性回归问题。这种方法不仅保持了模型的简洁性,还有效地避免了过拟合。通过核函数,SVR 将复杂的非线性问题转化为高维特征空间中的线性问题,使算法能够处理各种复杂的数据模式,同时保持较高的预测精度和稳定性。这种灵活且强大的方法使得 SVR 在实际应用中表现出色,广泛应用于各种回归分析和预测任务[121]。

假定设定的训练数据$\{(x_i,y_i),i=1,2,\cdots,l\}$,其中 $x_i \in R^d$ 是第 i 个学习样本的输入值,且唯一 d 为列向量 $\boldsymbol{x}_i=[x_i^1,x_i^2,\cdots,x_i^d]$,$y_i \in R$ 为对应的目标值。先定义线性 ε 不敏感损失函数为

$$|y-f(x)|_\varepsilon=\begin{cases}0 & |y-f(x)|\leqslant\varepsilon\\ |y-f(x)|-\varepsilon & |y-f(x)|>\varepsilon\end{cases} \tag{5-1}$$

当目标值 y 和学习构造的回归估计函数的值 $f(x)$ 之间的差别小于 ε,即损失为 0。

支持向量机的核心思想在于将输入样本空间进行非线性变换,转移到另一个特征空间,在这个特征空间中构建回归估计函数[121]。这种非线性变换的实现是通过定义适当的核函数 $K(x_i,x_j)$ 来实现的,$K(x_i,x_j)=\varphi(x_i)\varphi(x_j)$,其中 $\varphi(x)$ 为某一非线性函数。对非线性情形的回归估计函数进行假设,方程如下:

$$f(x) = w^{\mathrm{T}}\varphi(x) + b \tag{5-2}$$

为了找到目标 w,b 在式(5-2)中的表示含义不变的前提下,使$\frac{1}{2}w^{\mathrm{T}}w$ 达到最小。同时,需要考虑到当约束条件无法完全实现时,引入松弛变量 ξ_i、ξ_j^0。最优化问题可以重新表述为

$$\begin{cases} \min\limits_{w,b,\xi_i} \frac{1}{2}\|w\|^2 + c\sum\limits_{i=1}^{m}\xi_i \\ \text{s.t. } y_i(w \cdot x_i + b) \geqslant 1 - \xi_i \\ \xi_i \geqslant 0, i = 1,2,\cdots,N \end{cases} \tag{5-3}$$

为了解决这个约束最优化问题,可以利用拉格朗日乘子法。为此,构造如下的拉格朗日函数[121]:

$$L_{\tau} = \frac{1}{2}\|w\|^2 + C\sum_{i=1}^{l}(\xi_i + \xi'_i) - \sum_{i=1}^{l}\alpha_1[\varepsilon + \xi_i - y_i + w\varphi(x_i) + b] - \sum_{i=1}^{l}\alpha_i^*[\varepsilon + \xi_i^* + y_i - w\varphi(x_i) - b] - \sum_{i=1}^{l}(\beta_i\xi_i + \beta_i^*\xi_i^*) \tag{5-4}$$

根据最优化理论,将 L_P 分别对 w、b、ξ_i、ξ_i^* 求偏微分并令其为 0 得:

$$\begin{cases} w = \sum\limits_{i=1}^{l}(\alpha_i - \alpha_i^*)\varphi(x_i) \\ \sum\limits_{i=1}^{l}(\alpha_j - \alpha_j^*) = 0 \\ C - \alpha_i - \beta_i = 0 \\ C - \alpha_i^* - \beta_i^* = 0 \end{cases} \tag{5-5}$$

得到对偶最优化问题。

$$\begin{cases} \max\left[-\frac{1}{2}\sum\limits_{i=1}^{k}\sum\limits_{j=1}^{k}(a_i - a_i^*)(a_j - a_j^*)x_i \cdot x_j - \varepsilon\sum\limits_{i=1}^{k}(a_i - a_i^*) + (a_j - a_j^*)\right] \\ \text{s.t. } \sum\limits_{i=1}^{k}(a_i - a_i^*) = 0 \\ 0 \leqslant a_i \leqslant C, 0 \leqslant a_i^* \leqslant C \end{cases} \tag{5-6}$$

其中,只有部分参数$(\alpha_i - \alpha_i^*) \neq 0$,这些参数对应问题中的支持向量,通过学习得到的回归估计函数可表示为[121]

$$f(x) = \sum\nolimits_{x,\mathrm{eSV}}(a_i - a_i^*)x_i + b \tag{5-7}$$

类似线性情况,可以求出:

$$b = \frac{1}{N_{\text{NSV}}}\left[\sum_{0<a_i<\frac{c}{l}}\left(y_i - \sum_{x,\text{eSV}}(a_i - a_j^*)K(x_j,x_i) - \varepsilon\right) + \sum_{0<a_i<\frac{c}{l}}\left(y_i - \sum_{x,\text{eSV}}(a_i - a_j^*)K(x_j,x_i) - \varepsilon\right)\right] \tag{5-8}$$

式中:N_{NSV} 为标准支持向量数量。

该方法具有以下优点和积极效果:通过结构风险最小化理论,对树木生长数据进行分析,分类并寻找树木生长的分布规律。该方法不仅展示了树木生长与年份、月份的时间关系,还揭示了树木生长与输电线路安全的相关性。这种综合分析方法有助于更好地理解树木生长的模式,并为评估输电线路安全提供了重要参考。

5.3 树木生长模型的应用

通过获取单棵树木的高度和生长模型,并进行各种类型树木的地理区域性采样分析,旨在建立适用于试验区内各类树木的生长模型。随后,将这些树木信息录入系统,系统便能根据相应的生长模型定期预测树木的生长高度。同时,结合对三维输电线路弧垂的分析和计算,系统可以实现对树木高度和线路安全的威胁进行预警。这种综合分析方法有助于及时发现潜在的安全隐患,并采取相应措施确保输电线路的正常运行和安全性。具体的应用如图 5-2 所示。

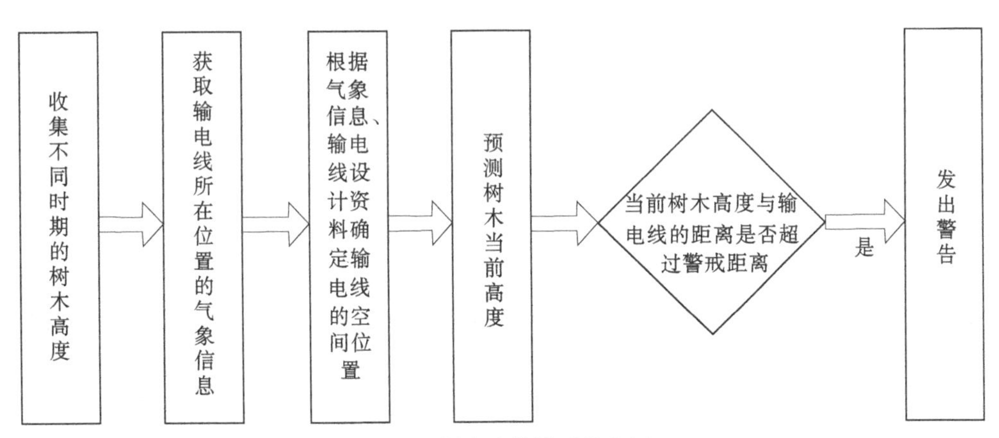

图 5-2 树木生长模型的应用

在执行数学模型计算树木高度的同时,运行单位还能持续地收集树木的实际现场高度数值。通过对计算值与实际值的比较,可以连续地修正数学模型,以确保数学模型与样本空间密切契合。这样做最终实现了对树木高度的精确预测和及时预警目标。图 5-3 是树木生长模型的应用实例。

通过建立智能树木生长模型结合输电线路虚拟巡线功能,可以提前发现树木高度即将超过安全距离的风险点,及时安排人员进行核查,消除线路隐患。

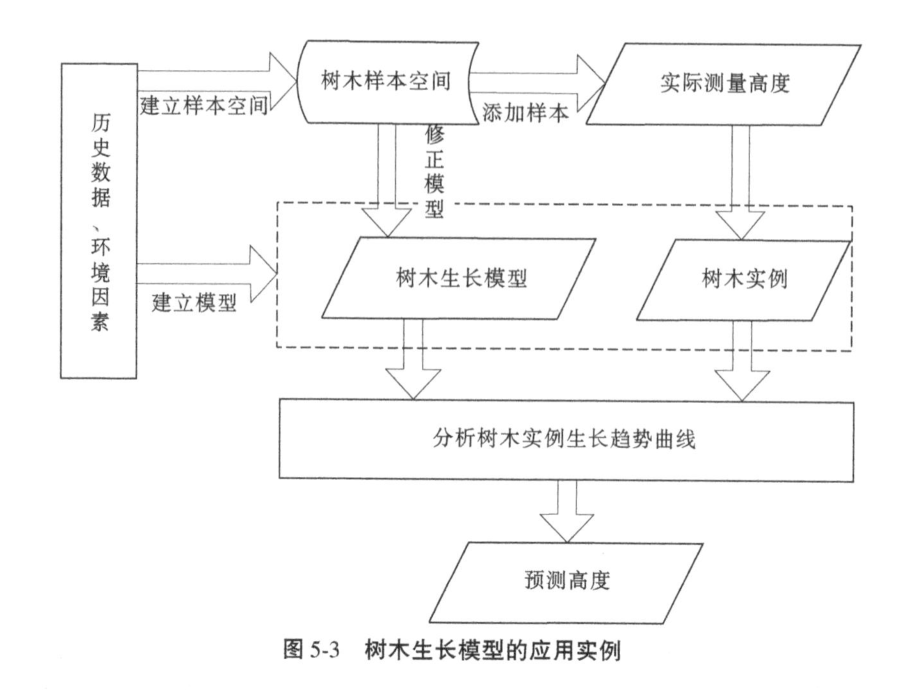

图 5-3　树木生长模型的应用实例

5.4　植被碳汇恢复潜力预测

分析不同类型植被的面积变化趋势,涵盖森林、草地、湿地等各类植被,并深入研究植被退化或恢复的现状。调查土地利用变化对植被碳汇的影响,包括森林砍伐、植被恢复项目的实施等,以及土地退化和改良对植被恢复的作用。分析气候变化对植被分布、生长和碳吸收的影响,包括降水模式变化、温度升高等因素对植被的适应能力和生长状况的影响。研究土壤碳储量的变化情况,包括土壤有机碳含量、土壤呼吸速率等因素,以及土壤管理措施对碳储量的影响。评估植被管理和保护政策对植被恢复潜力的影响,如森林保护、退耕还林、草地恢复等政策的实施效果。探讨植被恢复对生态系统服务的贡献,包括水源涵养、土壤保持、生物多样性维护等方面的价值评估。研究植被恢复对可持续发展目标的贡献,如减少温室气体排放、保护生物多样性、实现土地可持续利用等方面的情况。在植被碳汇潜力估算方面,之前有很多专家已经做出很多的成绩,目前根据国内的研究趋势,植被碳汇的潜力主要受到两个关键因素的影响:①森林面积的增长对植被碳汇具有重要作用;②森林生长过程中的碳密度的变化也对植被碳汇产生影响。目前,一种较为简单且透明的方法是使用 Kauppi 等提出的区域森林属性模型。该模型基于森林面积、碳密度等变量,用于解释森林碳储量及其变化。

$$G = A \times T \tag{5-9}$$

$$\frac{\mathrm{d}\ln G}{\mathrm{d}t} = \frac{\mathrm{d}\ln A}{\mathrm{d}t} + \frac{\mathrm{d}\ln T}{\mathrm{d}t} \tag{5-10}$$

式中：G 为森林碳储量（PgC）或蓄积量，m^3；A 为森林面积，hm^2；T 为森林碳密度（MgC/hm^2）或单位面积蓄积量（m^3/hm^2）；$\frac{d\ln G}{dt}$、$\frac{d\ln A}{dt}$、$\frac{d\ln T}{dt}$ 分别为森林碳储量或蓄积量、森林面积、碳密度或单位面积蓄积量随时间 t 的变化速率。

森林碳汇和碳排放的评估或预测关注点包括按森林类型、林龄和气候区划分的森林面积。这些因素对森林的碳储量和碳汇功能具有重要影响。这种细分可以提供更精准的数据，以便更好地理解森林碳储量的变化情况。此外，对森林碳汇或碳排放而言，关注的另一个重要因素是单位面积的固碳速率或碳排放速率。通过对这些速率的评估和预测，可以更准确地了解碳循环过程中森林的吸碳和排放能力，为制定相应的碳管理策略提供重要参考。

5.5 结果与分析

通过激光雷达向目标发射激光脉冲并测量其返回时间，从而获取树障的三维坐标信息，在输电线路树木的监测中，兼具激光雷达技术的新型输电线路树障预警装置具备定时扫描功能。远程控制、智能分析模式下联动触发对研究区内树木树障的预测，建立生长模型，分析实时和模拟工况下的电力线空间分布，标记潜在危险树木，并提供预警。植被生长预测是生态学中一个重要的研究问题，植被生长受到多种因素的影响，包括光照、温度和土壤等。近年来，许多生态学者对树木生长预测进行了广泛研究，通常采用抽样观测与建模相结合的方法，构建植被长势预测模型。这些模型考虑了不同树种生长速率的差异，能够准确预测树木在生长期内的变化趋势。然而，这些模型往往过于复杂，并且对于长距离、大范围的输电通道植被生长状况的监测不够实际。张颖等[122]利用灰色预测模型和幂函数模型联合预测我国森林资源碳汇发展潜力，综合考虑了森林资源的各种因素，提供了一种全面的预测方法。通过构建林分单位面积生长量和碳储量的回归模型，采用支持向量机来预测树障隐患，支持向量机包括树木生长与年份、月份的时间关系，同时还揭示树木生长与输电线路安全的相关性，提供的动态分析方法支持输入合理且有效的植被长势预测模型，基于这些模型可以精确预测树木与输电线之间的安全距离。按照支持向量机方案的预测方案可知，绝大多数线路是不存在树障的危险风险，仅有部分线路距离属于紧急缺陷，风险等级不高。其他区域线路与树木均符合要求，将星载数据预测的结果和激光测距望远镜测量的结果进行比较，最大相对误差不超过 1.5%，能够保证预测结果的可信有效。树木生长状况预测方法在当前的研究中扮演着重要的角色。输电线通道作为电力系统的关键组成部分，其安全运行受到树木生长的严重威胁。即使是轻微的树障问题也可能引发输电线路的跳闸，而更严重的情况甚至可能导致输电线路的断裂或杆塔的倒塌，从而引发长时间、大范围的停电，甚至造成电力事故。特别是在我国南方地区，由于气候条件的特殊性，输电通道树障问题尤为突出，成为影响输电通道安全的主要难题之一。因此，对输电线与周围林木之间距离的定期测量和分析，以及对输电通道内树障的清理，是保障输电通道安全运行至关重要的任务。传统的人工巡线量测方法虽然能够精确地检测输电通道中的树障，但其劳动强度大、效率低，且存在一定的安全隐患。而基于机载 LiDAR 的巡检方式，则为输电通道树障的量测带来了全新的解决方案。相比传统的人工巡线方法，基于机载 LiDAR 的巡检方式实现了从“人巡”向“机巡”的转变，使得对输电通道树障的量测变得全自动、高效。然而，目前基于机载 LiDAR 的树障分析与应用大多局限于静态点云分析，容易忽视环境变化带来的潜在危险，并且尚未展开深入的定量化应用研究。本书充分利用星载激光雷达的测距优势，结合国内高压输电线路运行规范，提出了一种基于支持向量机的树木生长状况预测方法。这种方法可以快速、准确地检测输电线通道内的树障点，为输电通道的安全运行提供有力的支持。通过建立支持向量机模型，可以根据历史数据对树木生长的规律进行分析和预测，进而实现对输电通道树障的及时监测和预警。通过这种方法，可以更好地保障输电通道的安全运行，提高电力系统的稳定性和可靠性，为社会经济发展提供有力的支撑。动态分析线路走廊中树木生长状况，精准分析树障隐患分布情况，能够做到全面、实时地把控沿线情况，通过及时排除树障隐患确保线路运行安全。

6 面向线路工程建设论证的输电通道碳汇估算与恢复潜力优化软件原型研发及应用

本书旨在研发输电通道碳汇估算及恢复潜力优化软件原型，建设提供碳汇估算与恢复潜力优化方案。为了实现输电通道碳汇估算及恢复潜力优化软件，本书基于底层 C++ 语言和跨平台 QT 语言进行软件开发，同时优化并分析各算法功能，使其可以集成嵌入。以下为原型软件研发各模块介绍。

6.1 三维点云可视化交互界面模块设计

6.1.1 海量三维点云数据组织及渲染

三维点云具备高精度的空间特征，可以直观地了解采集地物的空间几何信息。为了更好地理解输电通道场景三维结构，原型软件首先需要做的便是进行可视化交互功能的设计。为此，本书使用 OpenGL 进行三维点云的渲染，同时为了提高海量点云的加载效率，使用八叉树对点云数据进行组织和管理，并构建金字塔模型进行不同 LOD 级别的显示和渲染，如图 6-1 所示。

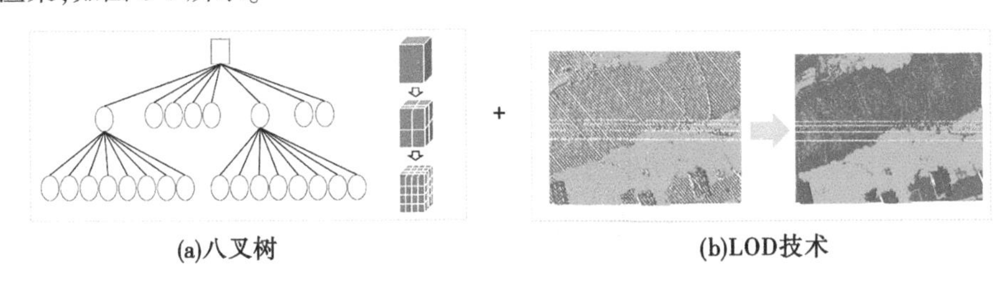

图 6-1　点云组织与渲染原理

原型软件的主界面由菜单栏、工具栏、图层管理与项目管理窗口、视图窗口、日志输出窗口及属性管理和功能列表窗口组成。其中，视图窗口主要用于三维点云的可视化展示与交互，同时支持影像、矢量模型、栅格数据等其他源数据的加载。

基于此可视化交互平台，用户可以使用鼠标及快捷键实现点云的快速浏览（左键：三维旋转；右键：平移；鼠标滚轮：缩放）。

与此同时，原型软件支持对三维点云的多种渲染机制供选择。包括按高程渲染、按类别属性渲染、按强度渲染、按 RGB 颜色显示、按回波次数渲染以及按用户自定义渲染等。同时支持对 EDL 渲染和改变点大小。原型软件渲染方式工具条见图 6-2。

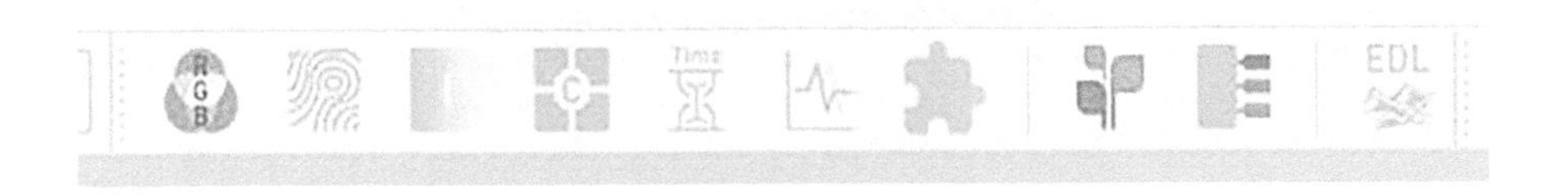

图 6-2　原型软件渲染方式工具条

原型软件在不同渲染条件模式下,进行点云渲染的效果如图 6-3 所示。用户可依据多种类型的渲染方式进行三维点云的渲染查看,并对三维点云属性信息进行查阅。

(a)RGB渲染

(b)高程渲染

(c)强度渲染

(d)类别渲染

图 6-3　原型软件渲染效果示例

6.1.2 图层及工程管理

6.1.2.1 图层管理

图层管理窗口包含“点云层”“影像层”“矢量层”“模型层”“网格层”，如图 6-4 所示。

点云层的操作如下：

用户打开并管理点云数据，可支持打开的点云数据包括 *.las、*.laz、*.txt、*.asc、*.neu、*.xyz、*.pts、*.csv。

添加点云数据完成后，可以从点云层左端的倒三角符号查看用户所添加的点云数据，如图 6-5 所示，添加点云数据后，单击鼠标右键：弹出的菜单栏包含“反选”“删除”“缩放至图层”“包围盒颜色”“打开目录”“文件另存”“切换视图”“渲染方式”“类别转化”“重新统计”等功能。

图 6-4 图层管理界面

图 6-5 点云层右键界面

用户使用反选功能来选择与取消选择该点云数据，图 6-6(a)为选择该点云数据，图 6-6(b)为取消选择该点云数据。

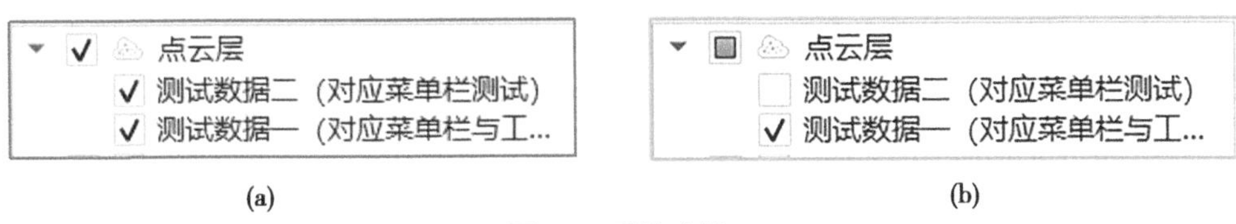

(a) (b)

图 6-6 反选功能

选择“删除”按钮可以使用户从视图中移除该点云。

在视图 View 1 中添加两个点云数据，在图层管理窗口中选择一个点云数据单击鼠标右键，点击“缩放至图层”功能则使该点云数据在视图窗口中显示出来。

将该点云数据以新名称另存至计算机中。在图层管理窗口中鼠标右键单击该点云数据，选择“文件另存”功能，如图 6-7 所示。

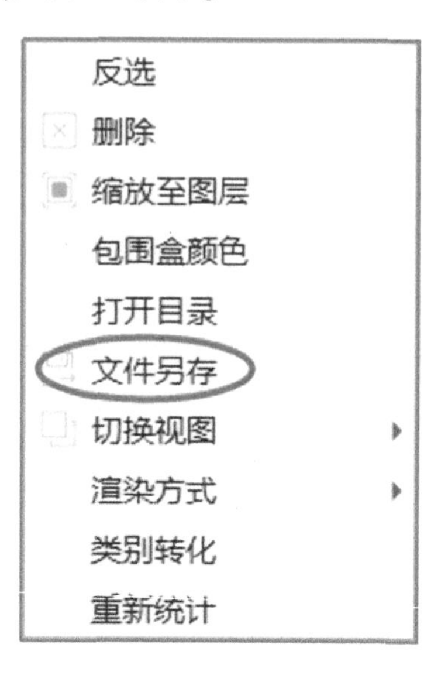

图 6-7　文件另存

在弹出的“另存为”对话框中命名文件名保存至计算机即可，如图 6-8 所示。

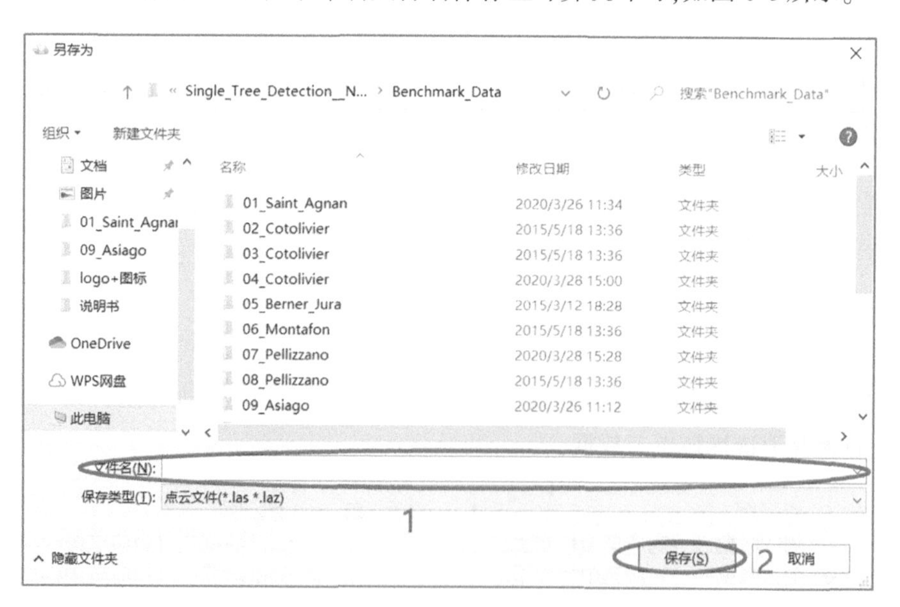

图 6-8　文件另存窗口

当创建新视图后，可选择 View 1 或 View 2 显示在视图窗口中。在图层管理窗口中鼠标右键单击该点云数据，选择“切换视图”，如图 6-9 所示。

在图层管理窗口中鼠标右键单击该点云数据，选择“类别转化”，如图 6-10 所示。

点击勾选已存在类别，设置目标类别，如图 6-11 所示。类别转化后效果如图 6-12 所示。

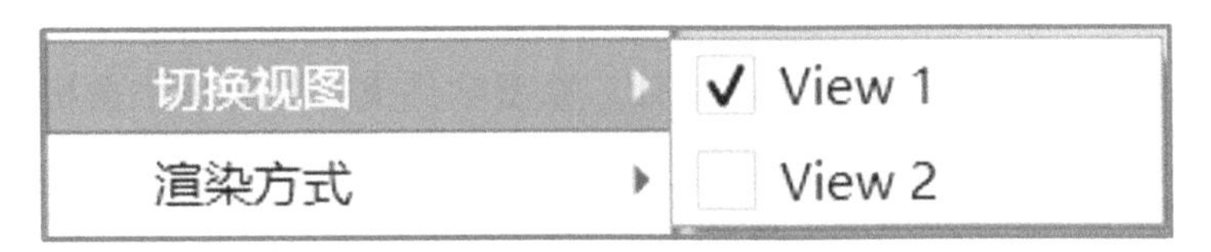

图 6-9　视图切换

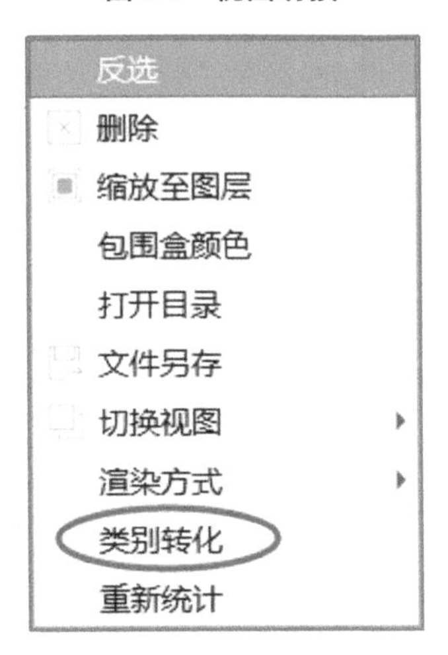

图 6-10　类别转化

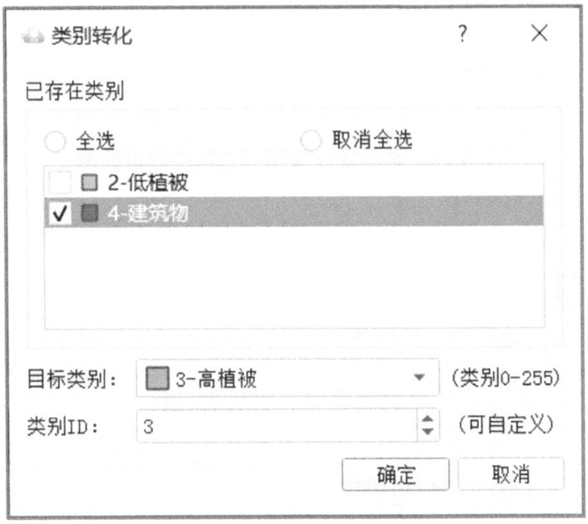

图 6-11　类别转化操作窗口

重新统计该点云数据的点云信息。在图层管理窗口中鼠标右键单击点云数据，选择“重新统计”，如图 6-13 所示，重新统计结束日志输出窗口提示如图 6-14 所示。

用户打开并管理影像（栅格）文件，添加数字高程。栅格数据是一种空间数据的表示形式，它通过将地理空间划分为大小相等的规则网格（或称为像元、像素或单元），并为每个网格单元赋予特定的属性值，来模拟和表示地理实体或现象。这种数据形式使得地理空间信息能够以数值化的方式被存储、分析和可视化。每一个单元(像素)的位置由它的行列号定义，所表示的实体位置隐含在栅格行列位置中，数据组织中的每个数据表示地物或现象的非几何属性或指向其属性的指针。原型软件支持的影像数据格式包括 *.tif、*.png、*.jpg、*.jpeg 四种格式。

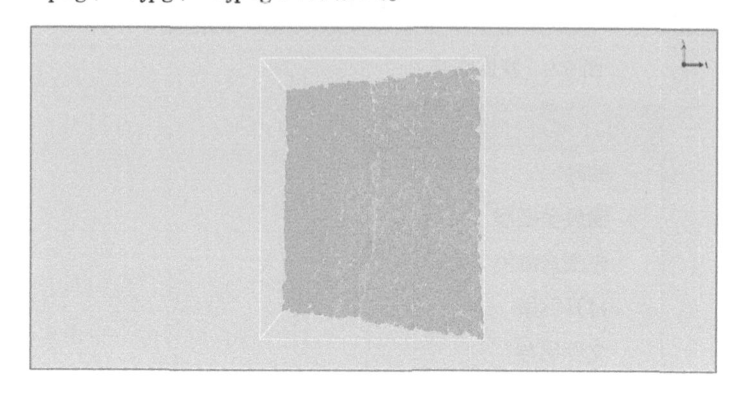

图 6-12　类别转化后效果

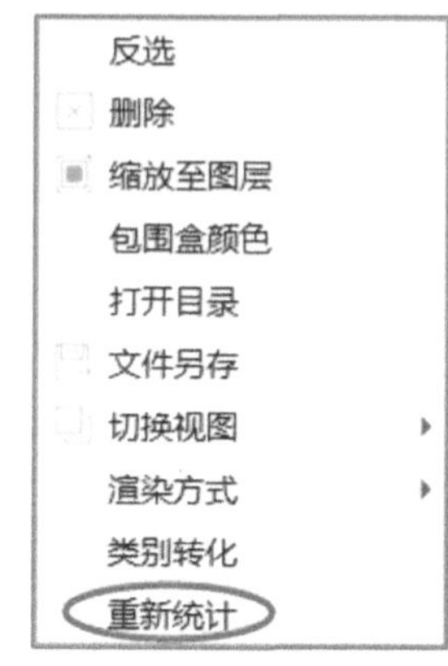

图 6-13　重新统计

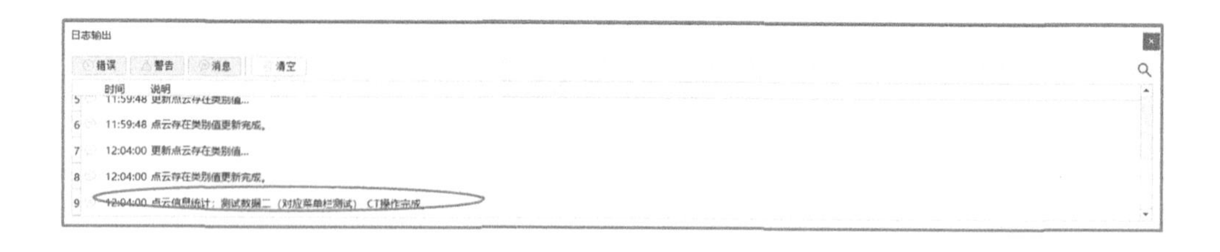

图 6-14　重新统计结束日志输出窗口提示

在未添加影像文件时右键单击影像层可以添加影像文件，如图 6-15 所示。

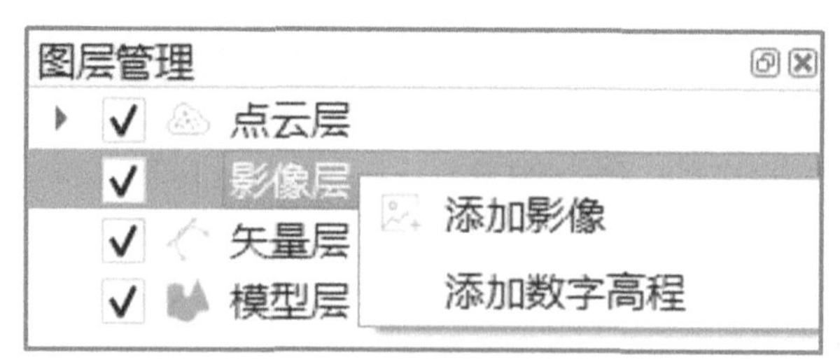

图 6-15　影像层数据添加

6.1.2.2　工程管理

1. 项目管理

项目管理窗口：用户新建项目或打开项目至原型软件进行管理，打开或新建项目后项目管理窗口会显示各文件，如图 6-16 所示。

2. 视图管理

视图管理使用户来创建视图，并加载点云数据、影像数据、矢量数据和模型数据，控制显示窗口中三维场景的缩放、平移、旋转、视角切换等三维漫游操作。

3. 属性管理

添加数据后，在图层管理窗口左键点击相应数据，右侧属性管理窗口便可显示出此数据包含的属性信息，使用户可以清晰了解到数据的各项信息。

属性管理窗口包含点云数据的基本信息（id、名称、类型、文件、点数量等）、包围盒大小（最小值-x、最小值-y、最小值 $-z$、最大值 $-x$、最大值 $-y$、最大值 $-z$ 等）、包围盒颜色（点击包围盒颜色后 ... 即可修改包围盒颜色）、几何中心（中心点 $-x$、中心点 $-y$、中心点 $-z$）、点大小（点击 ⇕ 键即可设置点大小。也可按键盘“↑”或“↓”设置点大小）、渲染方式（点击 ▼ 键即可设置渲染方式）、渲染颜色、显示图例等。

4. 功能列表

添加数据后，在功能列表窗口双击列表中的功能，便可显示出此功能的处理窗口，点击功能列表内的功能名称，即可使用此功能。使用户可以更便捷地进行数据处理，如图 6-17 所示。

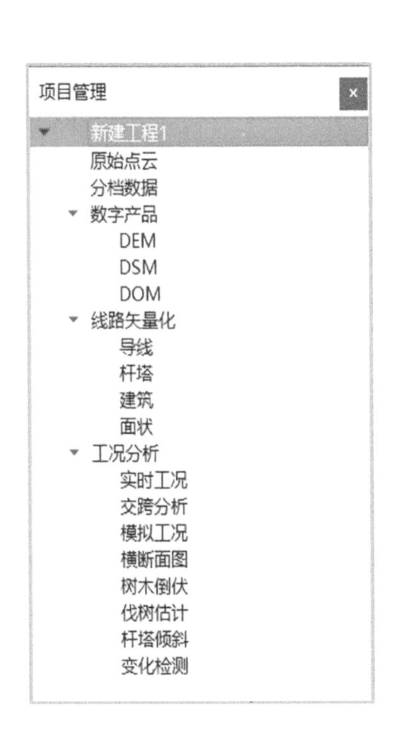

图 6-16　项目管理窗口

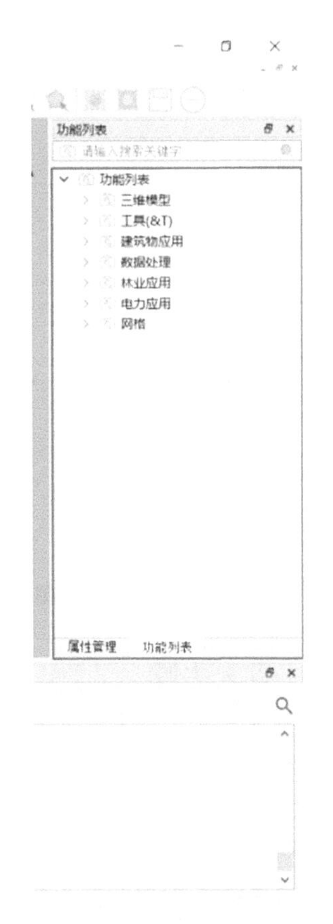

图 6-17　功能列表窗口

5. 日志输出

日志输出是用户日常处理项目错误以及了解程序运行状态必不可少的部分，输出窗口使用户方便直观地了解到软件进程，如图 6-18 所示。

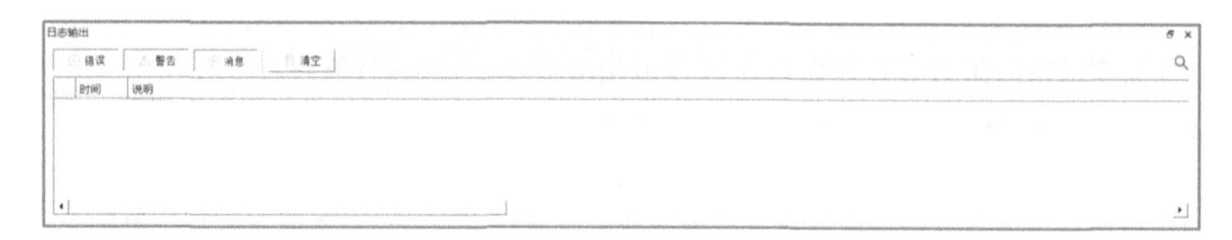

图 6-18 日志输出窗口

6.2 三维点云预处理模块设计

三维点云是三维空间点的集合，保留了地物原始的几何信息。一般包含三维坐标、反射强度和颜色纹理等属性。点云预处理是对输电通道场景三维理解和碳汇估算的重要处理基础。为此，原型软件设计了点云预处理功能，包括去噪、重采样、投影、特征提取等。图 6-19 展示了数据预处理模块的功能和算法。

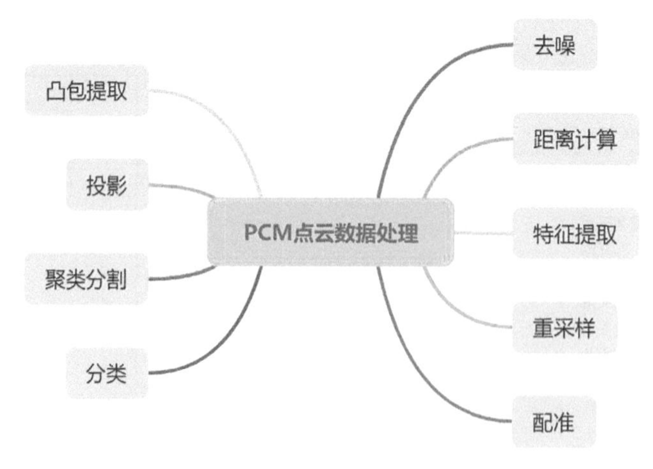

图 6-19 数据预处理模块的功能和算法

6.2.1 点云去噪

点云去噪，主要目的是去除点云中因扫描、镜面穿透等导致的一些噪声点、离群点。软件采用基于点云局部空间分析的去噪算法，将局部点密度与整体点密度相差较大的点标记为噪声点，同时软件集成了统计滤波和半径滤波两种滤波方法。图 6-20、图 6-21 为点云去噪算法界面及点云去噪结果展示。其中，图 6-21(b)为去噪后的结果（红色代表噪声点）。

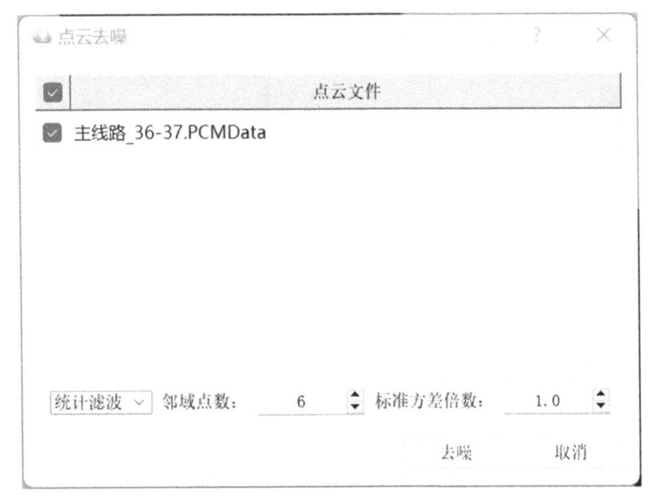

图 6-20　**点云去噪算法界面**

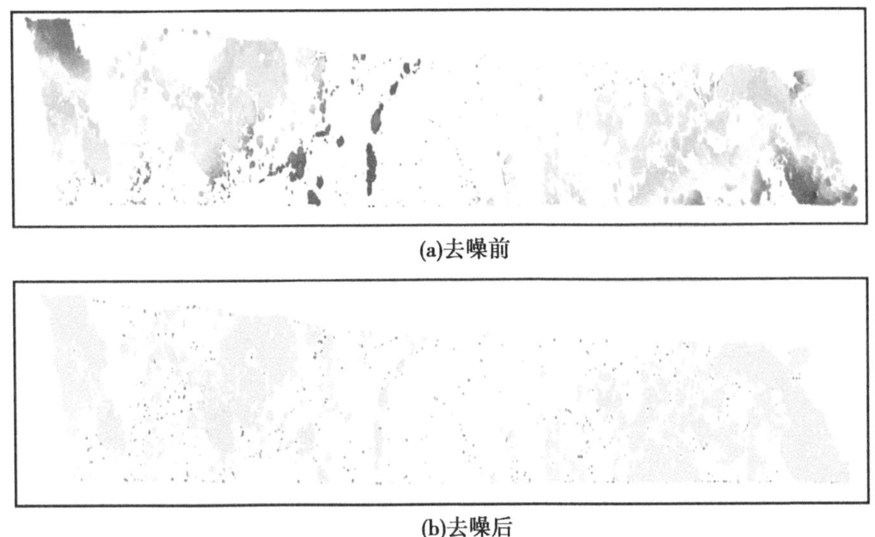

(a)去噪前

(b)去噪后

图 6-21　**点云去噪结果**

6.2.2　点云重采样

由于机载激光雷达重复式扫描等,采集的点云数据密度每平方米可达数百点,而其中大多数属于重复叠加的冗余数据,给后期数据处理带来了一定的复杂性和运算负担。为此,需要进行重采样处理,以达到减少数据量或统一点间距的目的。软件集成了距离采样、随机采样和八叉树采样三种点云重采样方法,界面见图 6-22。顾名思义,距离采样基于设定的空间距离来重采样;随机采样依据适当的指定点数进行重采样;八叉树采样基于构建的八叉树深度来重采样,如图 6-23 所示。

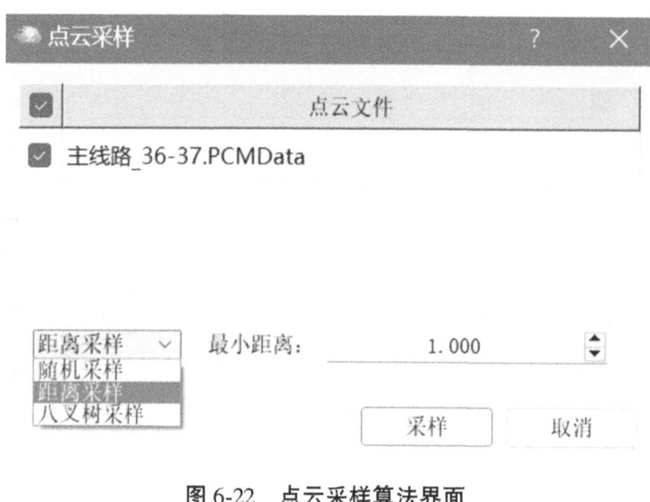

图 6-22　点云采样算法界面

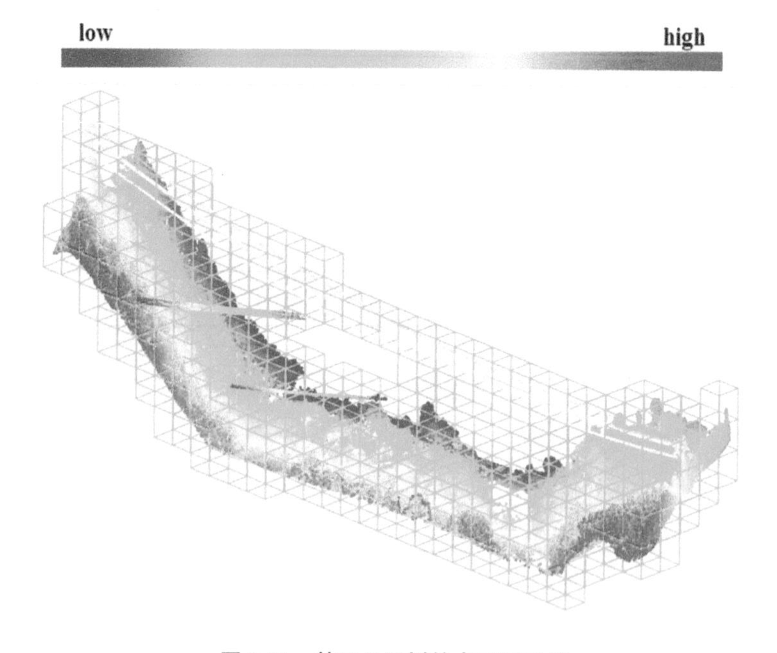

图 6-23　基于八叉树的点云重采样

6.2.3　点云投影

为提高点云数据处理的便携性，设计了点云投影计算功能，内嵌基于 *XY*/*YZ*/*XZ* 平面、PCA 主平面及自定义平面的多种投影方式。图 6-24、图 6-25 是点云投影算法界面以及电力塔在不同投影平面进行投影得到的结果。

为了满足对大量点云间距离计算的需求，内嵌了点云距离计算功能，其界面和示意图如图 6-26、图 6-27 所示。此处使用豪斯多夫(Hausdorff)距离来计算两个点云集合之间的空间距离。

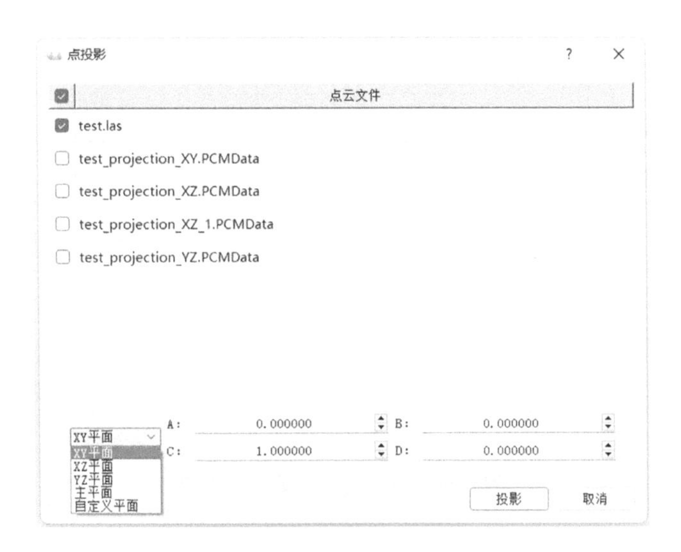

图 6-24　点云投影算法界面

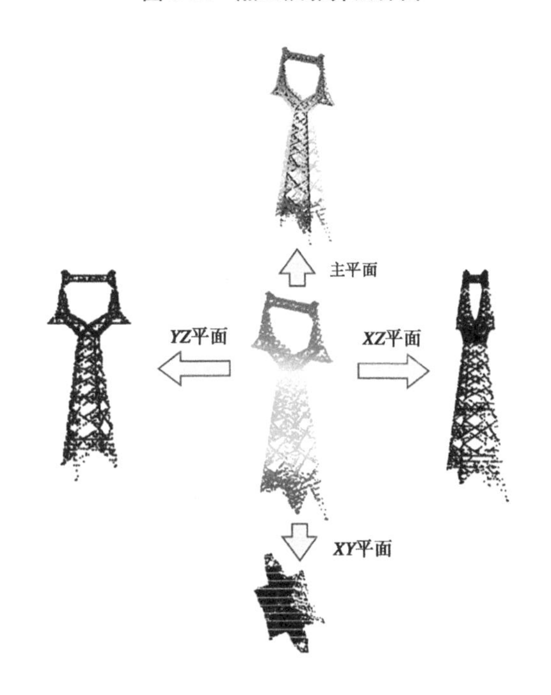

图 6-25　点云投影示意图

6.2.4　属性统计

点云属性(如强度、类别、回波次数、*XYZ* 坐标等)是三维点云的重要属性。为了便于查看、统计,以便用户快速、全面得到并了解激光雷达点云数据的基本信息,设计点云的属性统计功能,通过直方图显示的方式,供用户直观地查看属性情况。其界面和效果如

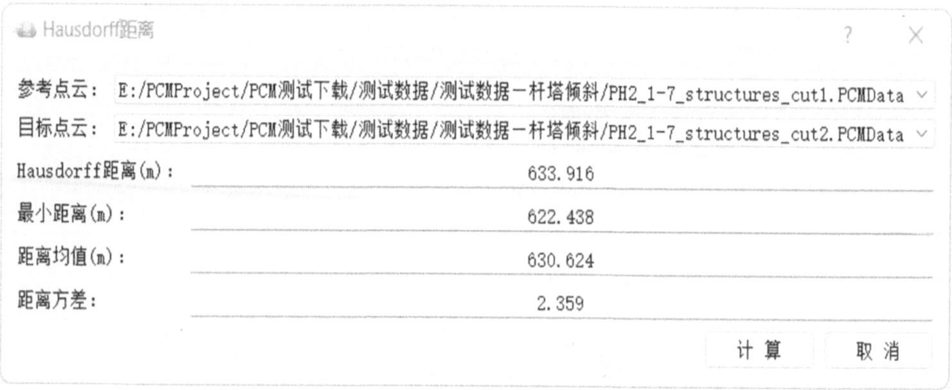

Hausdorff距离

参考点云：E:/PCMProject/PCM测试下载/测试数据/测试数据一杆塔倾斜/PH2_1-7_structures_cut1.PCMData

目标点云：E:/PCMProject/PCM测试下载/测试数据/测试数据一杆塔倾斜/PH2_1-7_structures_cut2.PCMData

Hausdorff距离(m)：633.916

最小距离(m)：622.438

距离均值(m)：630.624

距离方差：2.359

计 算　取 消

图 6-26　点云距离计算算法界面

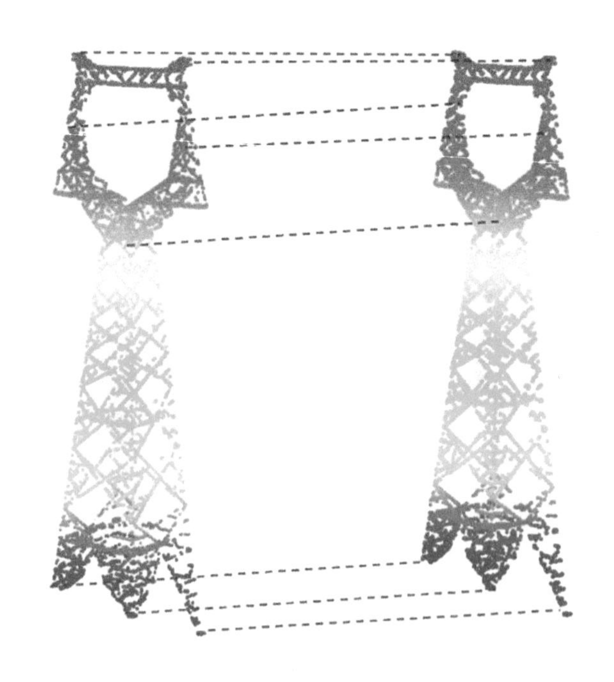

图 6-27　点云间距离计算示意图

图 6-28 所示。

6.2.5　聚类分割

点云聚类分割是指通过分析点云空间形态及一定的物理规则实现点云的聚类分割。本书针对现有工作中应用的聚类方案使用逐点聚类，以实现点云快速聚类。目前，集成有快速欧式聚类算法、DBSACN 聚类算法。界面及结果如图 6-29、图 6-30 所示。

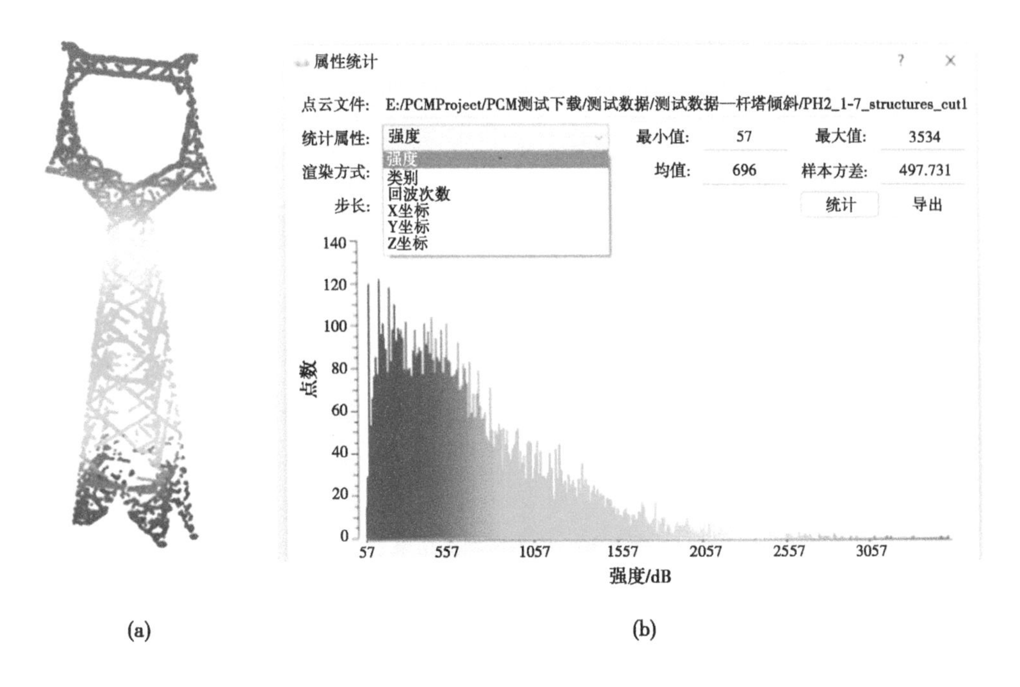

(a)　　(b)

图 6-28　点云属性统计

图 6-29　点云聚类算法界面

6.2.6　特征计算

点云分类任务是最常用的点云数据处理功能之一。针对激光点云场景分类,机器学习分类思路为:①进行数据去噪与重采样;②根据邻域分布,提取多维度单点特征,构建特征向量集;③选择合适的分类器,进行模型训练;④利用训练模型,进行数据分类。为此,软件支持计算包括基于特征值、密度、高度、纵剖面等在内的16个多维特征。可以根据输

图 6-30　电力塔聚类结果

电通道数据场景，自定义特征向量集的组成，以及特征计算的局部邻域范围（支持 k 近邻搜索和半径搜索），如图 6-31 所示。特征的计算方式为（密度比率为例）：通过计算球体的点密度与其投影至水平面的圆形区域内点密度的比值得到。由于地面点横跨整个输电通道的底部，电力线的该特征为较低的值，因此此特征有助于电力线点的识别。

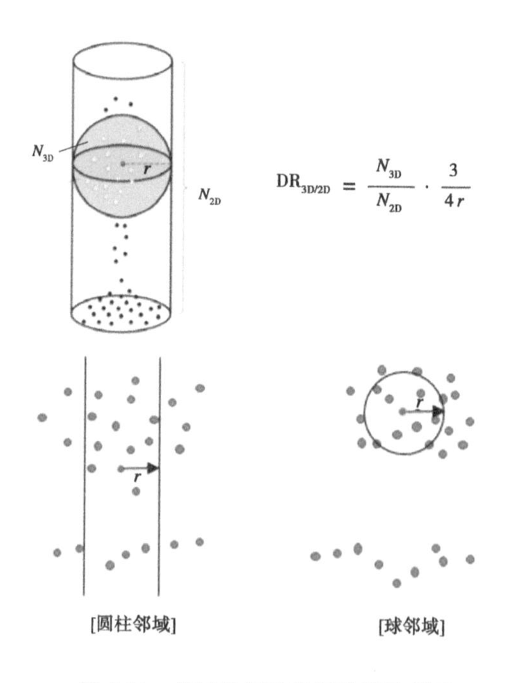

图 6-31　邻域选择及特征计算示意图

6.3 输电通道场景处理模块设计

6.3.1 数字地形产品生成

数字地形产品生成包括对输电通道场景进行处理,生产得到冠层高度模型(CHM)和数字高程模型(DEM)。数字地形产品是进行输电通道智能分类、树木分割以及模型化的重要基础。该算法的流程步骤如图 6-32 所示。

图 6-33、图 6-34 为数字高程模型 DEM 的生成界面与示意图。

原始点云
点云去噪
点云分类
点云滤波
点云归一化
CHM生成

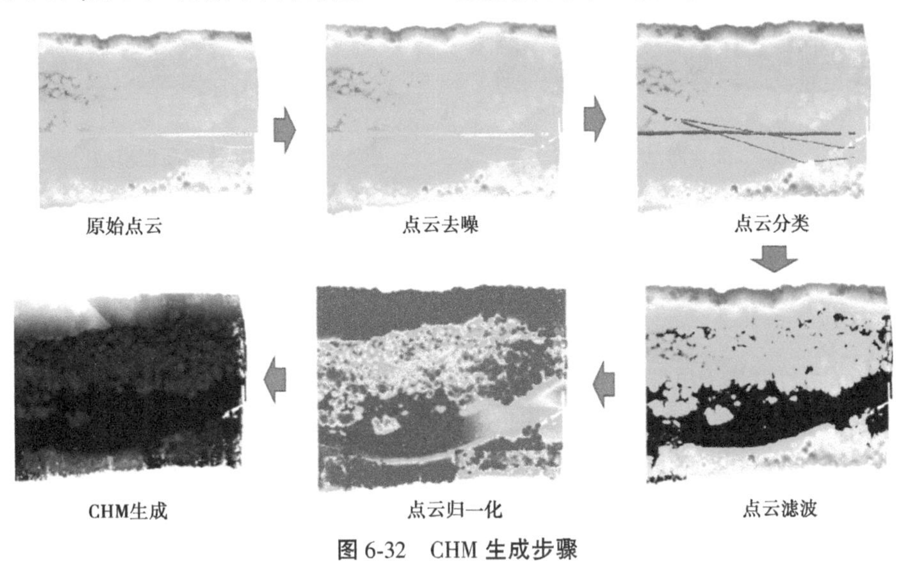

图 6-32 CHM 生成步骤

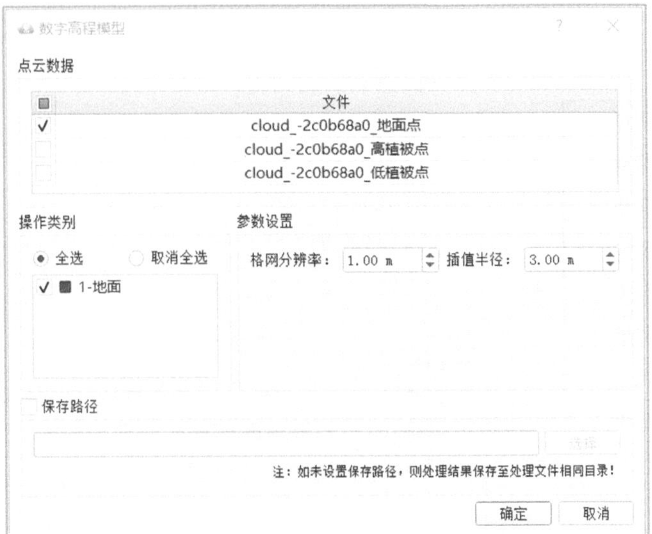

数字高程模型
点云数据
文件
cloud_-2c0b68a0_地面点
cloud_-2c0b68a0_高植被点
cloud_-2c0b68a0_低植被点
操作类别
全选
取消全选
1-地面
参数设置
格网分辨率: 1.00 m
插值半径: 3.00 m
保存路径
注:如未设置保存路径,则处理结果保存至处理文件相同目录!
确定
取消

图 6-33 DEM 算法界面

(a)地面点云

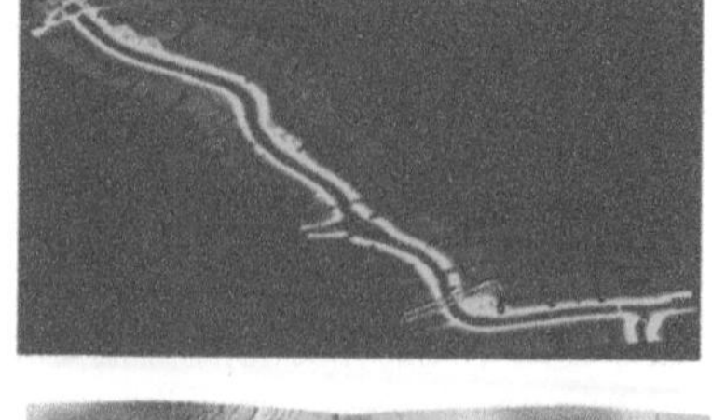

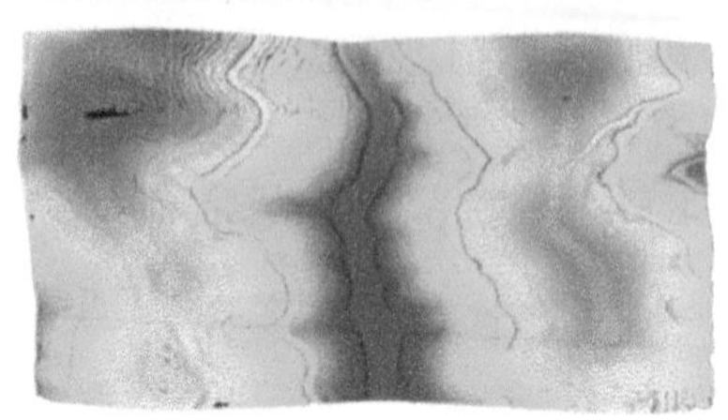

(b)数字高程模型

图 6-34　DEM 生产示意图

6.3.2　输电通道场景点云智能分类功能

此处可以利用基于机器学习的方法(如随机森林、SVM、梯度提升树等)进行点云的智能分类,并实现关键要素的提取,如图 6-35 所示。

(1)杆塔自动定位,如图 6-36 所示。杆塔坐标自动提取工具用于自动提取输电线路中的杆塔坐标,并将坐标以 * . csv 格式输出。

杆塔自动定位
杆塔坐标管理
通道数据分档
通道数据质检
通道数据分类
分类点云导出
杆塔矢量化
输电线矢量化

图 6-35　功能算法

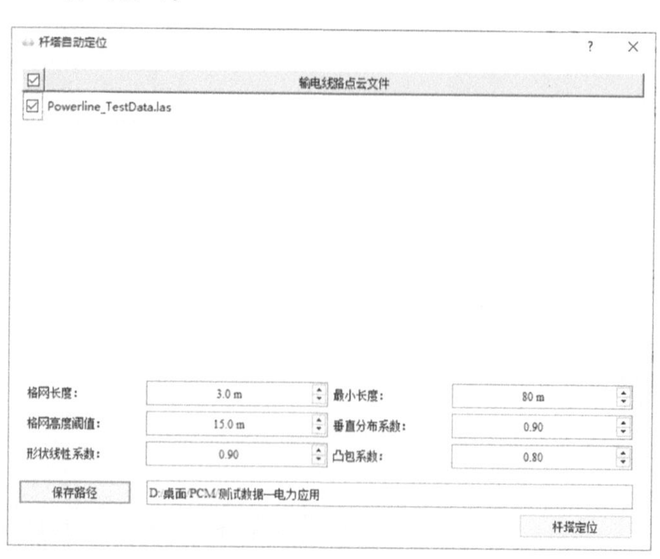

图 6-36　杆塔自动定位

(2)通道数据分档。因仪器采集的幅宽较大,采集的数据具有一定的冗余性,为了提高点云数据处理的效率,利用杆塔中心坐标将整体的点云数据进行分段,仅保留电力走廊方向上一定宽度的点云数据。界面及结果如图 6-37、图 6-38 所示。

图 6-37　通道数据分档算法界面

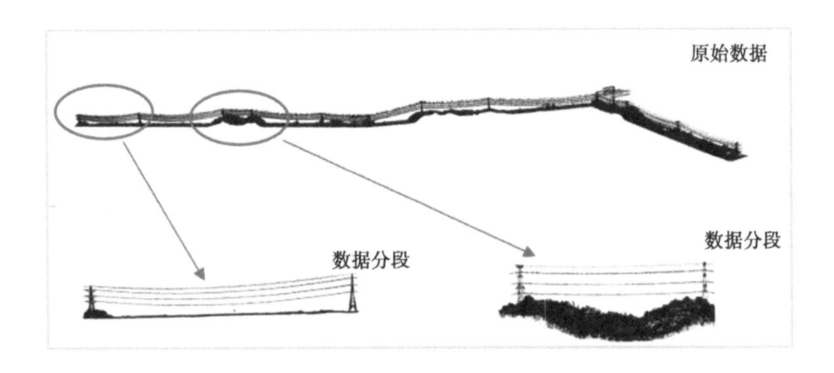

图 6-38　通道数据分档结果示意图

(3)数据质检。该功能用于根据输入点云的通道数据分档结果与杆塔坐标文件进行数据质检,操作界面如图 6-39 所示。

(4)数据分类。该功能根据输入的点云分段结果和杆塔坐标文件进行数据分类,此处为了加快数据处理的效率,使用多线程进行并行化处理。界面如图 6-40 所示。

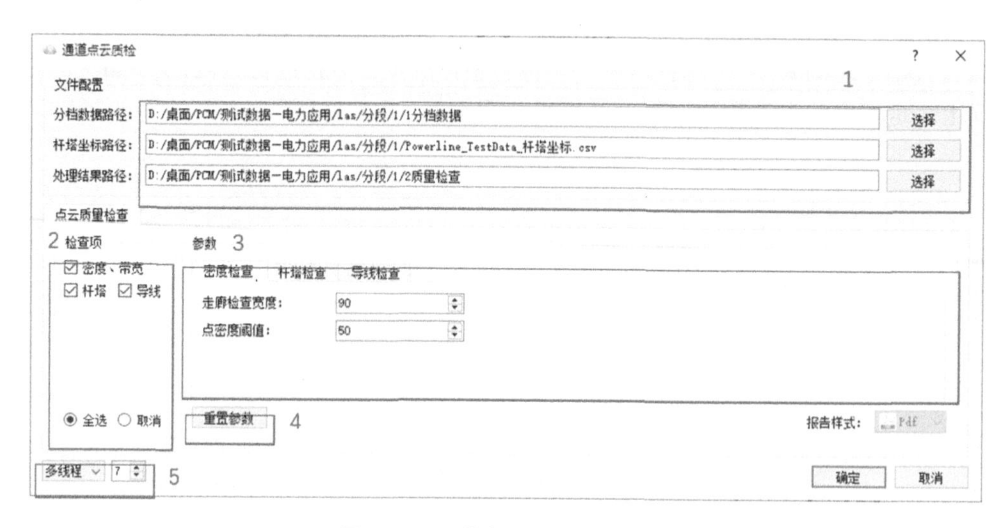

图 6-39　通道点云质检算法界面

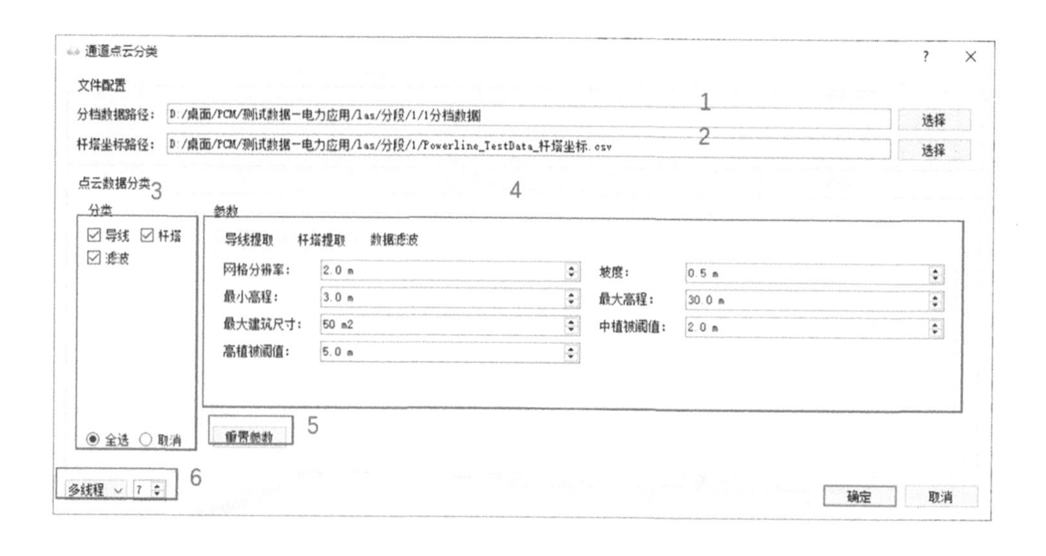

图 6-40　通道点云分类算法界面

6.3.3　输电通道场景三维重建

电力输电通道场景三维重建，包括对杆塔、电力线及树木的矢量化及简易模型生成。此处，原型软件采取三维模型交互的方式，进行场景三维重建。杆塔矢量化是对离散的杆塔点云，采用数据驱动建模策略，将点云逆向建模为具有真实空间拓扑表达的三维矢量模型，界面及效果如图 6-41、图 6-42 所示。输电线矢量化是对离散的电力线点云进行结构化重建，生成简易的电力线三维结构模型，界面及效果如图 6-43、图 6-44 所示。

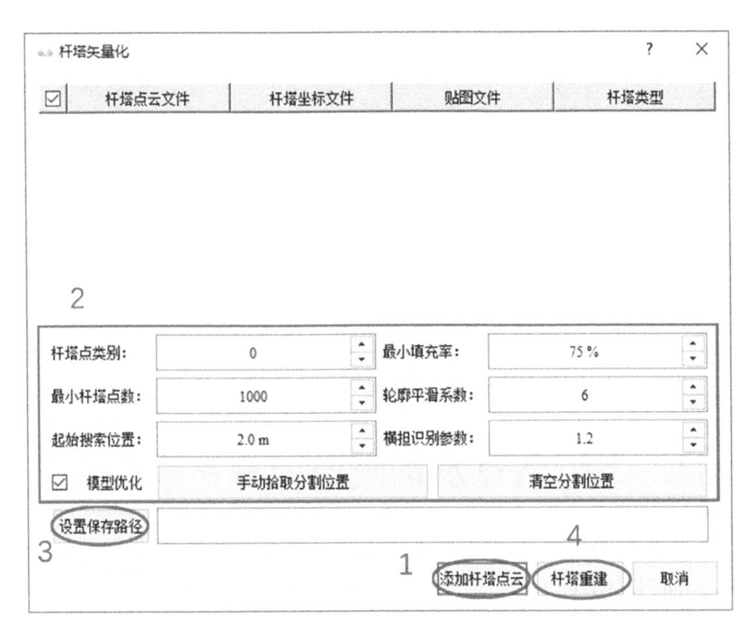

图 6-41　杆塔重建算法界面

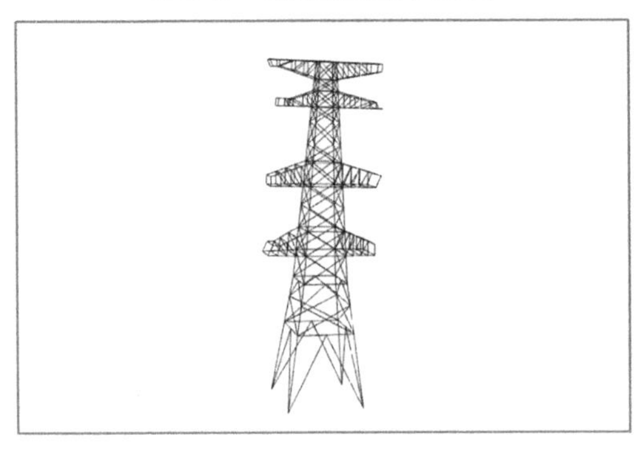

图 6-42　杆塔重建效果

图 6-43　输电线矢量化算法界面

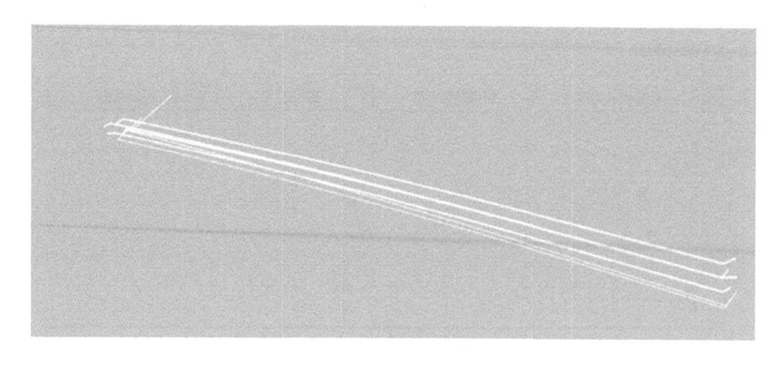

图 6-44　输电线矢量化效果

6.4　碳汇估算及恢复潜力分析模块设计

6.4.1　单木分割功能设计

单木分割可以将离散三维点云分割成一个个独立的树木点云。对于碳汇计算，单木参数提取及风险评估有着重要基础。前面对于输电通道植被的单木实例化方法已有诸多介绍，此处便不再对其理论进行赘述。

为了提高原型软件的普适性和泛化能力，针对不同的场景和数据，软件集成了 5 种单木分割方法，包括基于层堆叠分割单木、基于点云分割单木、基于 CHM 分割单木、基于种子点分割单木及基于树冠边界分割单木。

(1)基于层堆叠分割单木。利用层堆叠算法结合冠层高度模型点云数据分层并聚类提取种子点，基于提取的种子点对点云进行单木分割，图 6-45 为该方法的软件界面。

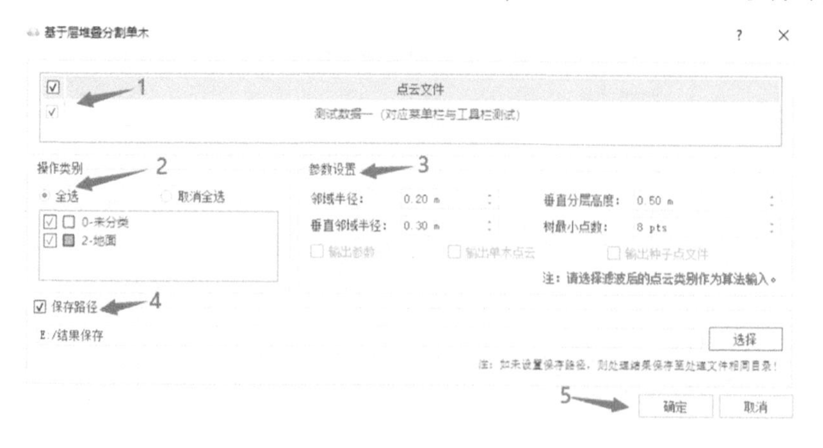

图 6-45　基于层堆叠分割单木界面

(2)基于点云分割单木。可以直接从点云中分离单木。其利用数字高程模型(DEM)和归一化后的单木点云，利用图切割的方法，实现快速的植被点云实例化(单体化)，软件界面及效果如图 6-46、图 6-47 所示。

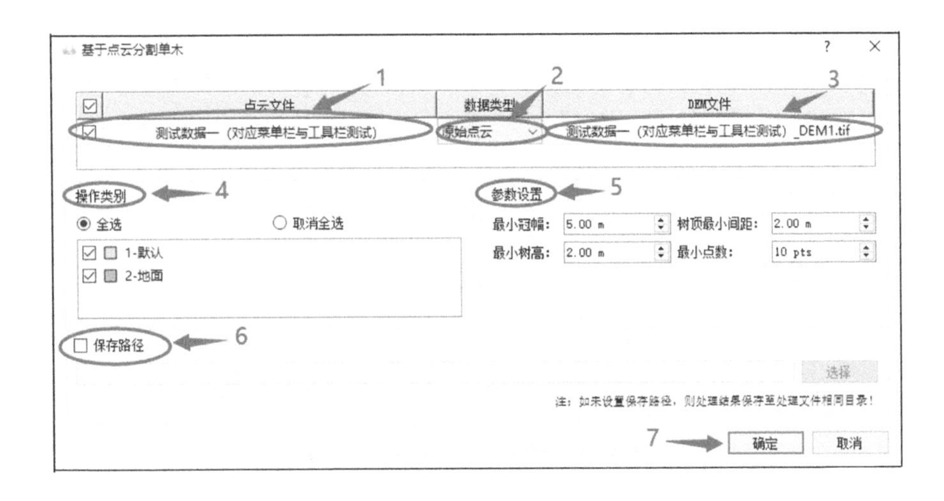

图 6-46　**基于点云分割单木界面**

图 6-47　**单木分割效果**

(3)基于 CHM 分割单木。可实现从 CHM 模型中分割单木,采用的算法是图像学中标记控制的分水岭分割算法。首先对 CHM 模型进行高斯滤波处理,然后通过滑动窗口寻找局部最大值,最后通过标记控制的分水岭分割算法提取单木边界。最终输出为矢量数据,保存.shp 文件。界面及结果如图 6-48、图 6-49 所示。

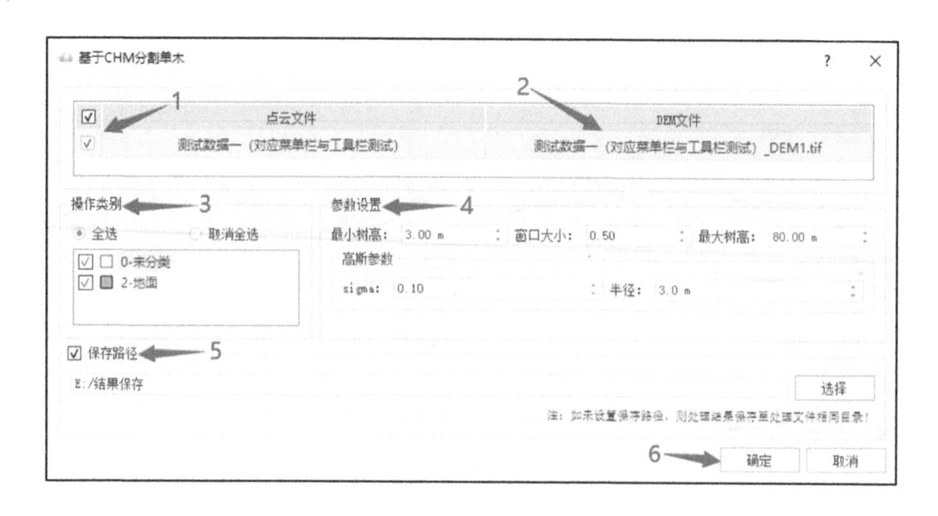

图 6-48　基于 CHM 分割单木界面

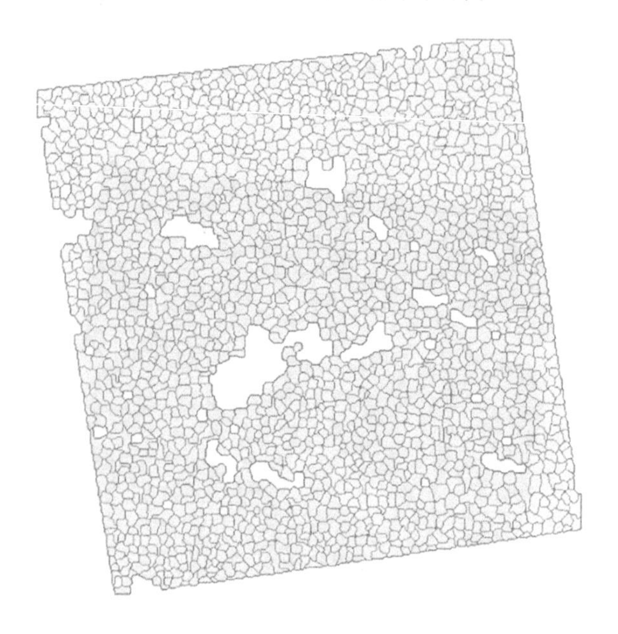

图 6-49　基于 CHM 分割结果

（4）基于种子点分割单木。在“种子点编辑”功能窗口（见图 6-50）中，用户可点击“基于种子点分割单木”功能按钮，基于已经添加的种子点或导入的种子点文件，在弹出的单木分割设置窗口中添加点云数据对应的数字高程模型文件，设置操作类别、单木分割参数、保存路径完成对点云数据的单木分割。

软件中“基于种子点分割单木”功能可以实现基于已有种子点的单木分割。界面及结果如图 6-51、图 6-52 所示。

（5）基于树冠边界分割单木。该工具基于树冠边界多边形对原始点云或高程归一化点云进行单木分割。界面及结果如图 6-53、图 6-54 所示。

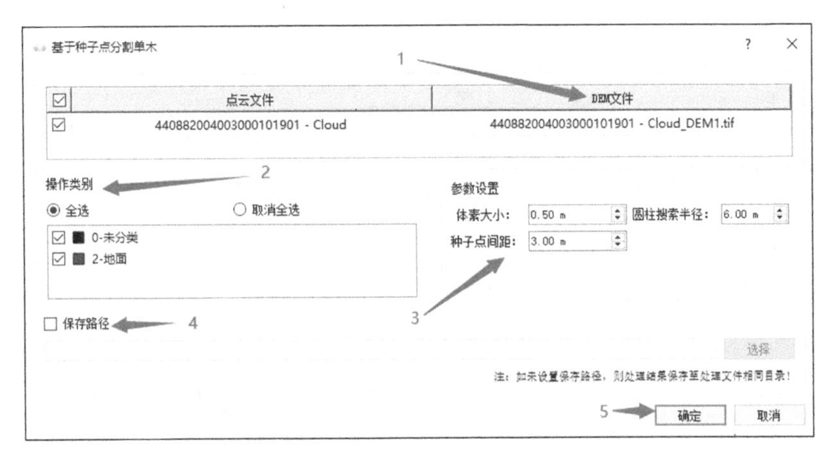

图 6-50　基于种子点分割单木(种子点编辑)

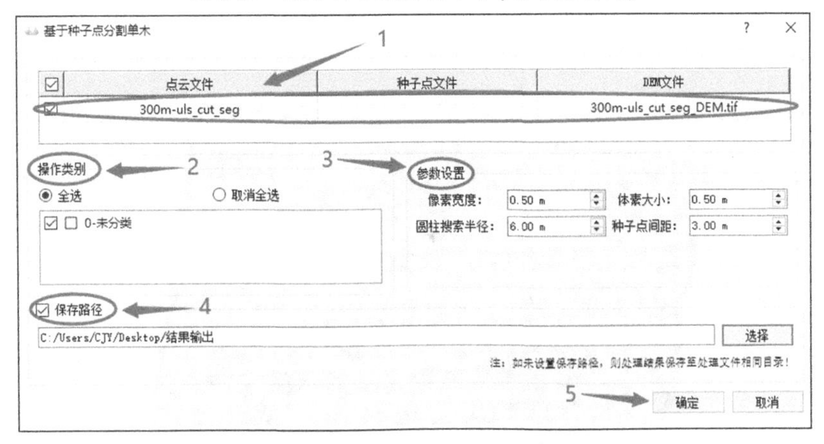

图 6-51　基于种子点分割单木界面

图 6-52　基于种子点分割单木结果

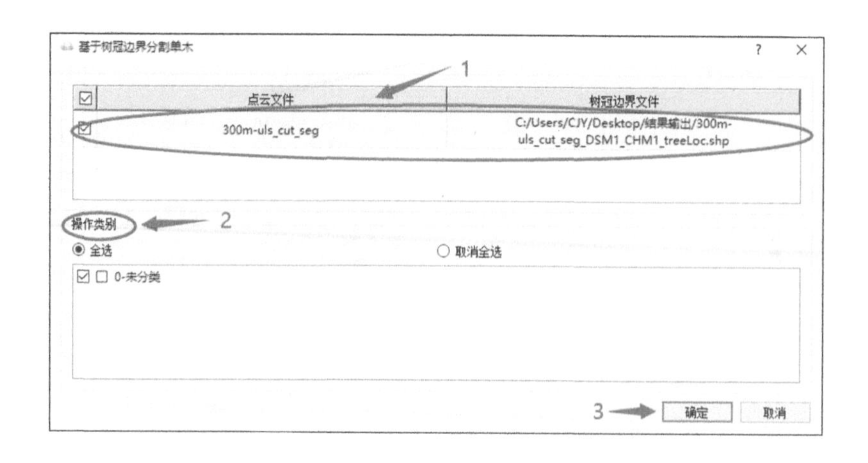

图 6-53　基于树冠边界分割单木界面

图 6-54　基于树冠边界分割单木结果

6.4.2　单木/林分参数提取

此功能主要目的是在单木分割的基础上,实现输电通道场景单木/林分的结构参数估算。提取单木结构参数利用该工具,可以提取分割后的单木结构参数,如树顶位置、单木树高、单木冠幅、枝下高、地面高程、冠层面积、冠层体积等[123],提取的结构参数以 *.csv 格式保存。界面如图 6-55 所示。

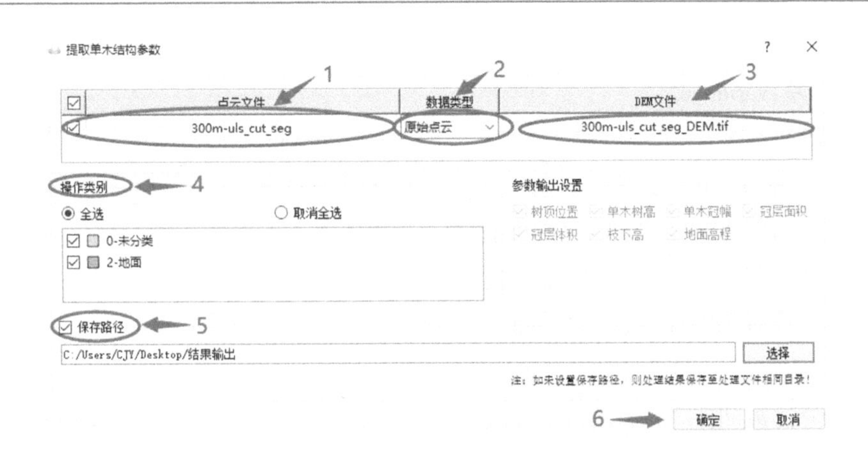

图 6-55　提取单木结构参数算法界面

林分参数提取模块支持对“高程参数”、“强度参数”、“覆盖度”、“间隙率”和“叶面积指数”的提取。（注意：在使用该模块时，所有数据必须为归一化数据。）

6.4.2.1　高程参数

该模块提取 56 个高程参数，其中包括 10 个高程密度参数。为了计算高程参数，首先确定格网大小，然后计算每个格网中高程参数，最终保存在.csv 文件中。提取的高程参数包括：

(1)累计高程百分数：accumulated integral height (AIH) values (15 个)。

(2)累计高程四分位数间距：AIH interquartile distance (AIH 75th value-AIH 25th value)。

(3)平均绝对偏差：average absolute deviation。

(4)冠层起伏比率：canopy relief ratio [(mean-min)/ (max-min)]。

(5)变异系数：coefficient of variation。

(6)密度参数：density metrics (10 个)。

(7)四分位数间距：interquartile distance (percentile 75th value-percentile 25th value)。

(8)峰态：kurtosis。

(9)绝对偏差中值：median of absolute deviations。

(10)最大值：maximum。

(11)平均值：mean。

(12)平均二次幂：mean of second power。

(13)平均三次幂：mean of third power。

(14)中值：median。

(15)最小值：minimum。

(16)高程百分数：percentile height values (15 个)。

(17)偏度：skewness。

(18)标准差:standard deviation。

(19)方差:variance。

6.4.2.2 强度参数

该模块提取42个强度统计参数。为了计算强度统计参数,首先确定格网大小,然后计算每个格网中强度统计参数,最终保存在.csv文件中。提取的强度参数包括:

(1)累计强度百分数:accumulated integral intensity (AII) values (15个)。

(2)平均绝对偏差:average absolute deviation。

(3)变异系数:coefficient of variation。

(4)四分位数间距:interquartile distance (percentile 75th value-percentile 25th value)。

(5)峰态:kurtosis。

(6)绝对偏差中值:median of absolute deviations。

(7)最大值:maximum。

(8)平均值:mean。

(9)中值:median。

(10)最小值:minimum。

(11)强度百分数:percentile intensity values (15个)。

(12)偏度:skewness。

(13)标准差:standard deviation。

(14)方差:variance。

在该模块中,计算15个强度百分数和15个累计强度百分数,包括1st, 5th, 10th, 20th, 25th, 30th, 40th, 50th, 60th, 70th, 75th, 80th, 90th, 95th和99th。

6.4.2.3 覆盖度

使用该模块可以计算每个格网内的冠层覆盖度,输出值的范围为0(没有植被覆盖)到1(完全植被覆盖)。首先,点云被划分到不同的格网中;然后,使用高程阈值区分地面点和植被点;最后,根据每个格网内的植被点和地面点数据计算得到覆盖度。最终输出为栅格数据,保存.tif文件。提取结果如图6-56所示。

6.4.2.4 间隙率

使用该模块可以计算每个格网内的冠层间隙率,输出值的范围为0(没有间隙)到1(没有植被覆盖)。首先,点云被划分到不同的格网中;然后,使用高程阈值区分地面点和植被点;最后,根据每个格网内的植被点和地面点数据计算得到冠层间隙率,具体计算公式为

$$\text{间隙率}=\text{地面点数据量}/\text{总的点云数据} \tag{6-1}$$

最终输出为栅格数据,保存.tif文件。提取结果如图6-57所示。

图 6-56 覆盖度提取结果

图 6-57 间隙率提取结果

6.4.2.5 叶面积指数

在评估植被的覆盖情况时,传统的叶面积指数(LAI)通常指的是有效的植被面积指数,但这一指标可能未充分考虑叶片的聚集状态,以及光合作用与非光合作用部分的差异。为了更精确地量化植被的叶片覆盖,可以采用基于间隙率模型的计算方法。这种方法首先通过间隙率模块来确定植被冠层中的空隙比例,即间隙率。然后,结合用户根据特定植被类型设定的叶倾角分布(叶片与地面的夹角分布),能够更准确地计算出有效叶面积指数,从而更全面地反映植被的叶片覆盖及其对光照的拦截能力[124]。提取结果如图 6-58 所示。

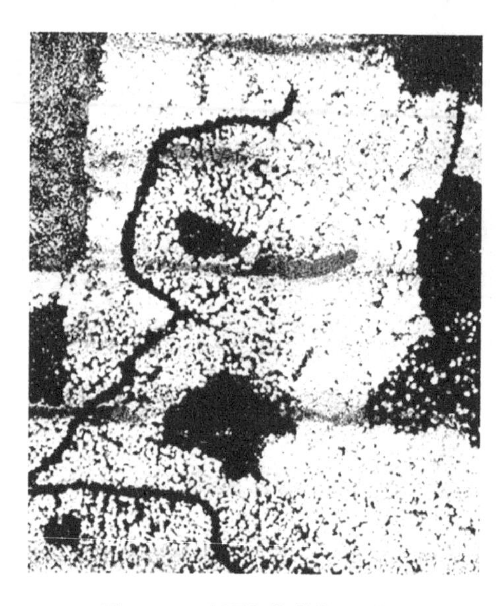

图 6-58　叶面积指数提取结果

6.4.3　植被单木模型重建

原型软件增加了植被单木模型重建功能,其主要目的是通过激光雷达等多源数据,实现输电通道的地物信息实景三维化。此软件基于点云分割单木后得到了所有单木的地面高程、冠幅、树高等参数,生成单木简易模型,界面及结果如图 6-59、图 6-60 所示。

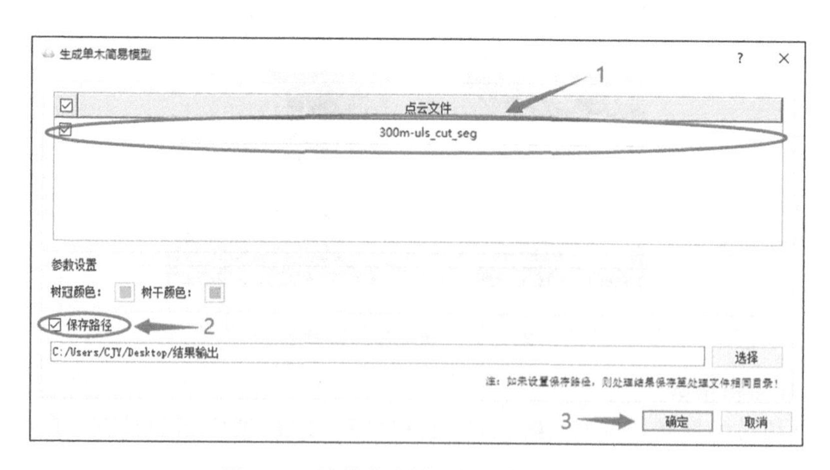

图 6-59　植被单木模型构建算法界面

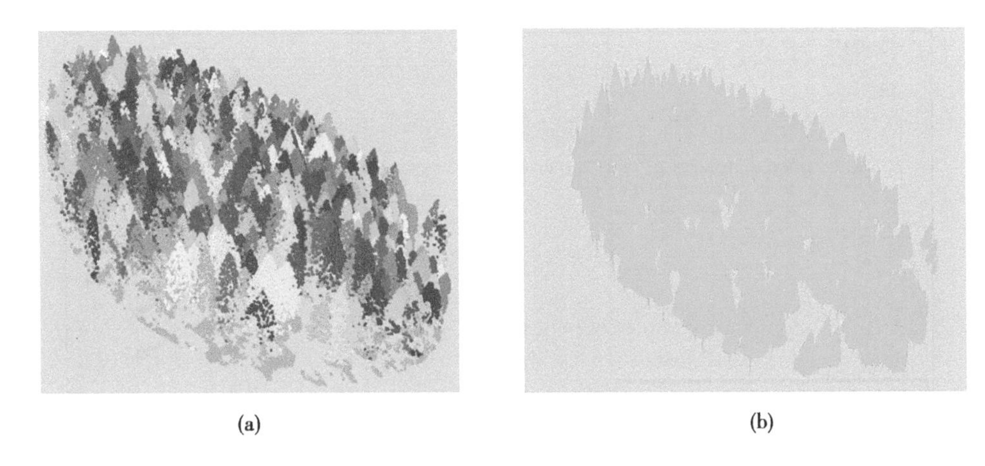

(a) (b)

图 6-60 单木简易模型构建结果

单木简易模型,是根据单木结构参数生成的轻量化树木模型,对于生物量/碳汇等信息的估算有着重要的作用。其轻量化的设计,有效地减少了三维点云数据量庞大不易存储的问题。

6.4.4 参数模型回归及预测

“林分参数模型生成”功能基于高程归一化点云和实测样本文件实现“线性回归”“支持向量回归”“神经网络回归”“决策树回归”四种回归模型的生成,可用于后期林分参数回归预测。界面如图 6-61、图 6-62 所示。

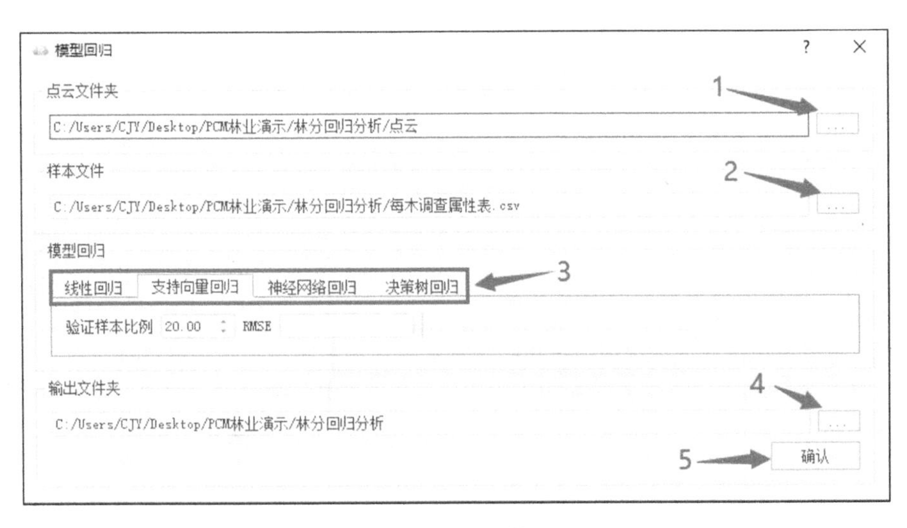

图 6-61 模型回归算法界面

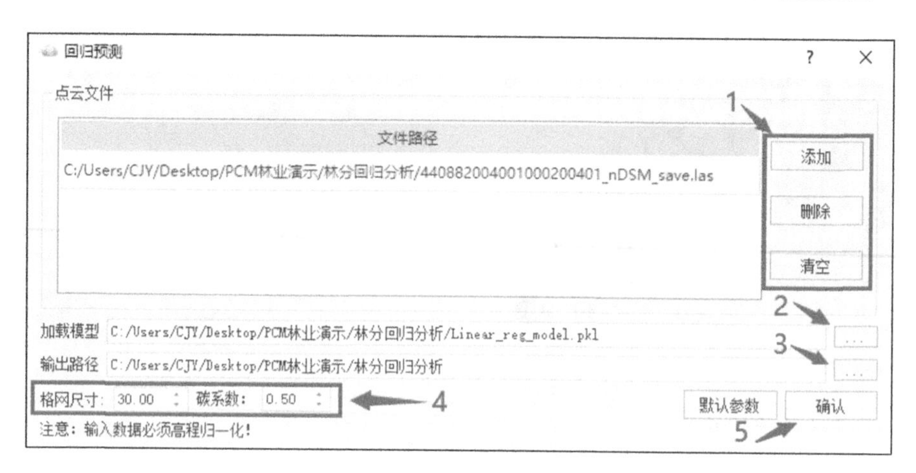

图 6-62　回归预测算法界面

6.4.5　碳汇模型构建及回归估算

软件中“模型构建”功能可以将实测数据与对应的单木参数进行匹配，找到单木参数对应的实测生物量，将单木参数作为自变量，对应的实测生物量作为因变量，使用适合生物量回归的模型(如线性回归模型、随机森林模型)进行训练，得到回归模型及均方根误差(RMSE)、R^2 分数等指标来衡量模型的准确性。界面如图 6-63 所示。

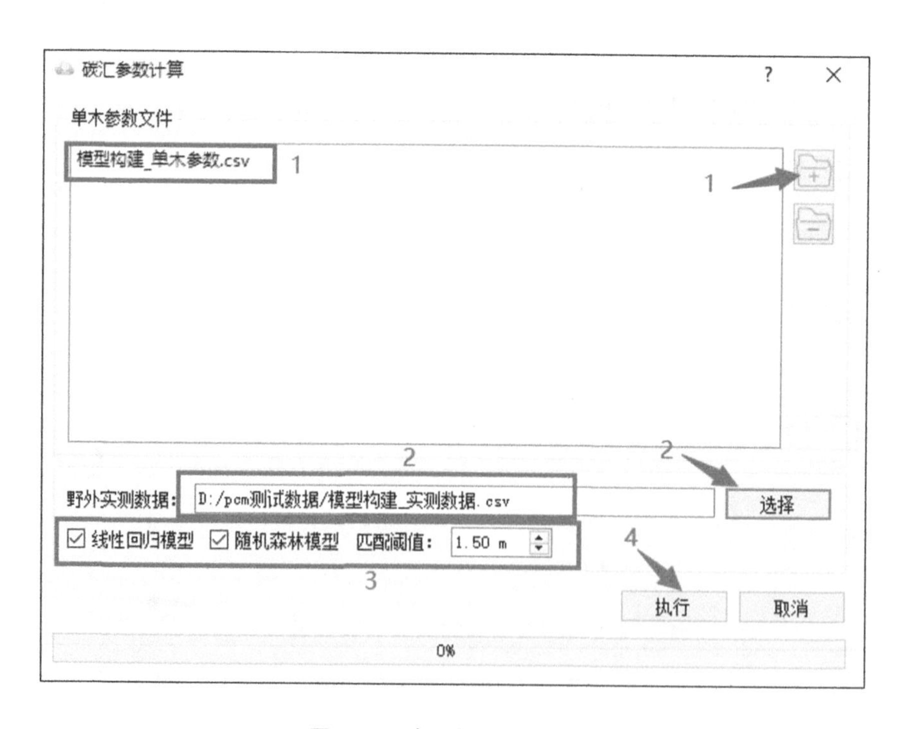

图 6-63　碳汇参数计算界面

算法运行结束后,得到对应的训练模型和模型评价文件,如图 6-64 所示。训练模型格式为 * . pkl 格式,模型评价文件格式为 * . txt。得到的模型文件可用于后续的回归预测。

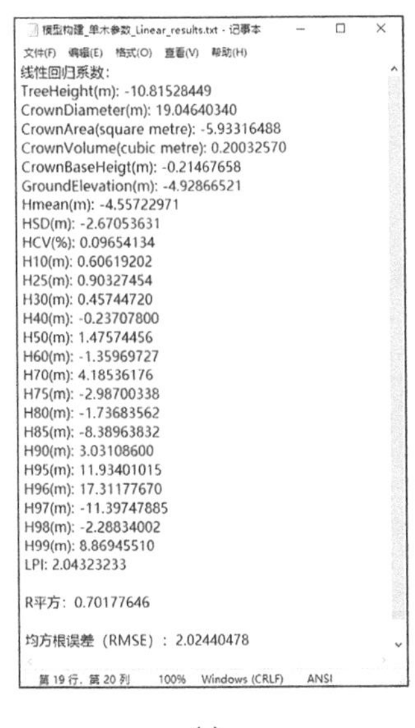

(a)

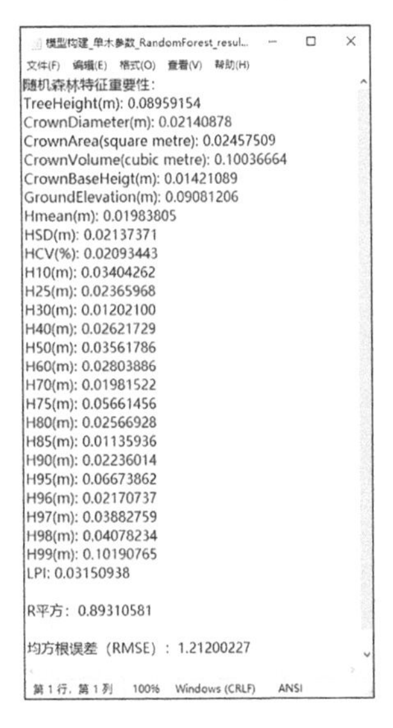

(b)

图 6-64 线性回归与随机森林评价文件

回归预测将已经得到的回归模型应用到单木分割提取的单木参数,将单木参数作为预测的自变量对单木生物量进行预测,再通过碳汇系数,得到单木的碳储量。处理结果如图 6-65、图 6-66 所示。

440882004001000200401_treeParas_Lforecast.csv 2023/12/20 21:26 Microsoft Excel ... 598 KB
440882004001000200401_treeParas_RFforecast.csv 2023/12/20 21:25 Microsoft Excel ... 595 KB

图 6-65 两种回归预测模型生成结果

6.4.6 恢复潜力估算

恢复潜力估算功能将植被恢复潜力预测模型嵌入到软件中,实现植被恢复潜力预测估算。该功能的软件界面如图 6-67 所示。

可以看到,该功能的输入是点云数据(分类后的植被数据)、植被参数文件(由 2.2.2.2 部分得到的植被结构参数信息)。选择参数有:森林面积(由遥感影像得出)、森林碳密度(由上文碳汇估算得出)、森林类型(松树、柏树等)以及林龄(植被的大致年龄)。可选择的输出项有:区域碳储量、森林碳储量、潜力值(归一化值)。最后,得出的恢复潜力值参数被存储在一个表格中,供用户使用。

AB	AC	AD	AE	AF	AG
H97(m)	H98(m)	H99(m)	LPI	Btree(t d.m.)	Ctree(tCO2-e)
26.506	26.572	26.662	0.194	64.86675	32.433375
23.739	23.862	24.137	0.1	60.7045	30.35225
23.488	23.675	23.789	0.2	54.9505	27.47525
21.637	21.692	21.776	0.196	51.62965	25.814825
21.518	21.652	21.769	0.096	59.6316	29.8158
21.447	21.525	21.596	0.118	60.52705	30.263525
21.435	21.501	21.601	0.205	61.9679	30.98395
20.621	20.943	21.176	0.067	35.2991	17.64955
21.337	21.44	21.509	0.219	61.8832	30.9416
21.113	21.198	21.321	0.23	61.85365	30.926825
20.818	20.935	21.012	0.22	61.2221	30.61105
20.34	20.5	20.693	0.092	44.8012	22.4006
20.596	20.649	20.696	0.284	70.8102	35.4051
18.048	18.274	20.383	0.661	45.88335	22.941675
18.613	18.975	19.568	0.028	42.64035	21.320175
20.006	20.116	20.259	0.003	55.31615	27.658075
19.584	19.668	19.767	0.135	56.90195	28.450975
19.475	19.73	20.001	0.181	51.2421	25.62105
19.897	19.962	20.046	0.102	53.55895	26.779475

图 6-66　单木生物量碳储量预测结果

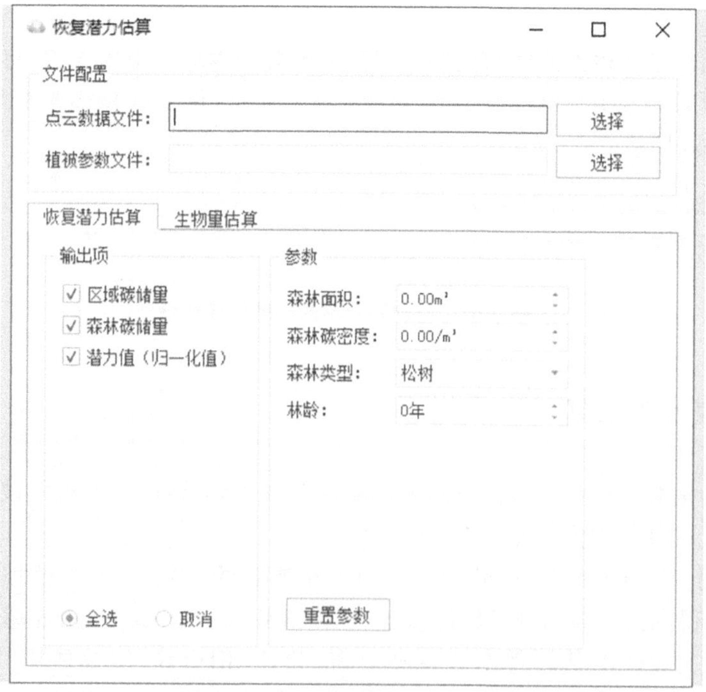

恢复潜力估算
文件配置
点云数据文件：　选择
植被参数文件：　选择
恢复潜力估算　生物量估算
输出项
区域碳储量
森林碳储量
潜力值（归一化值）
全选　取消
参数
森林面积：0.00㎡
森林碳密度：0.00/㎡
森林类型：松树
林龄：0年
重置参数

图 6-67　植被恢复潜力估算界面

7 总结与展望

电力是重要的能源基础产业,不仅是能源供应的支柱,也是最大的能源消费领域。电力行业在实现"双碳"这一经济社会系统性变革目标方面扮演着至关重要的角色,迅速启动能源转型,以绿色能源发展引领社会新经济。

为了落实电力领域"双碳"战略目标,科学估算输电通道碳汇和客观预测碳汇恢复潜力,对于线路工程建设的论证与选线优化至关重要。针对传统估算手段人工成本高、耗时长,无法全面、及时地获取大范围信息,且场景细分误差较大等问题,本书综合利用多源遥感技术,对输电通道场景植被恢复潜力进行估算,并围绕碳排放评价和选线优化决策等目标开展了典型地貌区域输电通道场景要素的自动精细分类方法研究、多源遥感数据协同的输电通道碳汇估算研究、植被碳汇恢复潜力与优化方法研究以及面向输电线路工程的原型软件研究等工作。

本书利用包含机载 LiDAR、地基 LiDAR、GEDI、Sentinel-2 遥感数据在内的多源遥感数据开展研究。通过对场景像素/点级尺度精细化语义理解,电力要素(电力线、电力塔等)、植被单体等实体级尺度三维重建,林区、森林尺度的生物量、碳汇、恢复潜力估算,实现了输电通道场景植被不同细粒度系统化研究,对大规模输电通道的碳汇研究提供了丰富的数据支持和方法依据。

最后,本书项目设计原型软件,以实现线路工程建设中涉及的多源遥感数据处理及应用。针对性地,软件包含三维可视交互、数据预处理、场景理解、模型估算等模块,涵盖了输电通道场景点—实体—林分尺度的数据处理及估算需求,为输电通道场景从遥感数据处理到碳汇计算全流程处理软件系统提供帮助。

综上,本书利用多源遥感数据对输电通道植被碳汇估算及恢复潜力开展研究,并提出了切实有效的全流程处理方案及思路。后续研究将致力于将输电通道数字孪生与碳汇估算和潜力恢复结合,实现输电通道场景无障碍浏览及碳汇信息实时估算模拟。

参考文献

[1] 本刊新闻采编出版中心. 碳中和:引领新一轮能源革命呼啸而来[J]. 决策探索(上),2021(5):12-17.

[2] 白蕾."双碳"目标下河南省建筑碳排放量化分析及减排对策研究[J]. 河南科技,2022,41(11):129-132.

[3] 秦雨新,李树超.农业经济增长与农业碳排放强度空间溢出效应实证研究[J]. 湖北农业科学,2023,62(4):232-238.

[4] 杨景玉, 张珩, 李宝文,等. 多源异构遥感大数据的高性能存储技术研究[J]. 兰州交通大学学报,2019,38(1):50-56.

[5] LI H, GU H, HAN Y, et al. Object-oriented classification of high-resolution remote sensing imagery based on an improved colour structure code and a support vector machine[J]. International journal of remote sensing,2010,31(6):1453-1470.

[6] APTOULA E. Remote sensing image retrieval with global morphological texture descriptors[J]. IEEE transactions on geoscience and remote sensing, 2013,52(5):3023-3034.

[7] NAVNEET D. Histograms of oriented gradients for human detection[C]//International Conference on Computer Vision & Pattern Recognition,2005,2:886-893.

[8] OLIVA A, TORRALBA A. Modeling the shape of the scene: A holistic representation of the spatial envelope[J]. International journal of computer vision,2001,42(3):145-175.

[9] LOWE D G. Distinctive image features from scale-invariant keypoints[J]. International journal of computer vision, 2004, 60:91-110.

[10] 马鑫, 汪西原, 胡博. 基于ENVI的CART自动决策树多源遥感影像分类:以北京市为例[J]. 宁夏工程技术, 2017, 16(1) :63-66.

[11] ZAFAR B, ASHRAF R, ALI N, et al. Intelligent image classification-based on spatial weighted histograms of concentric circles[J]. Computer Science and Information Systems, 2018,15(3):615-633.

[12] 卜晓波, 龚珍, 黎华. 基于遗传算法改进BP神经网络的遥感影像分类研究[J].安徽农业科学,2013,41(33):13056-13058,13079.

[13] 白俊龙, 王章琼, 闫海涛. K-means聚类引导的无人机遥感图像阈值分类方法[J]. 自然资源遥感,2021,33(3):114-120.

[14] REJICHI S, CHAABANE F. Feature extraction using PCA for VHR satellite image time series spatio-temporal classification[C]//2015 IEEE International Geoscience and Remote Sensing Symposium (IGARSS). IEEE,2015:485-488.

[15] CHENG G, MA C, ZHOU P, et al. Scene classification of high resolution remote sensing images using convolutional neural networks[C]//2016 IEEE International Geoscience and Remote Sensing Symposium (IGARSS). IEEE, 2016:767-770.

[16] 徐丽坤, 刘晓东, 向小翠. 基于深度信念网络的遥感影像识别与分类[J]. 地质科技情报, 2017(4):244-249.

[17] VINCENT P, LAROCHELLE H, BENGIO Y, et al. Extracting and composing robust features with denoising autoencoders[C]//Proceedings of the 25th international conference on Machine learning,

2008:1096-1103.

[18] 张一飞, 陈忠, 张峰, 等. 基于栈式去噪自编码器的遥感图像分类[J]. 计算机应用, 2016,36(增2):171-174.

[19] HUANG X, HAN B, NING Y, et al. Edge-based feature extraction module for 3D point cloud shape classification[J]. Computers & Graphics, 2023,112:31-39.

[20] 宿颖. 结合区域生长和随机森林的机载 LiDAR 点云分类研究[D]. 阜新:辽宁工程技术大学, 2023.

[21] ZHANG G, VELA P A, BRILAKIS I. Detecting, fitting and classifying surface primitives for infrastructure point cloud data[M]//Computing in Civil Engineering (2013). 2013: 589-596.

[22] 刘雪丽. 基于局部空间特征的点云分类方法研究[D]. 北京:北京交通大学, 2020.

[23] 杨娜. 基于分割的机载 LiDAR 点云数据分类及建筑物重建技术研究[D]. 郑州:解放军信息工程大学, 2017.

[24] KIM H B, SOHN C. Point-based Classification of Power Line Corridor Scene Using Random Forests[J]. Photogrammetric Engineering & Remote Sensing, 2013,79(9): 821-833.

[25] 周梦蝶. 融合影像匹配点云的机载 LiDAR 点云分类[D]. 北京:中国地质大学(北京), 2020.

[26] NIEMEYER J, ROTTENSTEINER F, SOERGEL U. Contextual classification of lidar data and building object detection in urban areas[J]. ISPRS Journal of Photogrammetry and Remote Sensing, 2014,87: 152-165.

[27] 彭淑雯. 输电通道机载 LiDAR 点云分类方法研究[D]. 北京:中国科学院大学(中国科学院空天信息创新研究院),2022.

[28] XU C, LENG B, CHEN B, et al. Learning discriminative and generative shape embeddings for three-dimensional shape retrieval[J]. IEEE Transactions on Multimedia, 2019, 22(9):2234-2245.

[29] LAWIN F J, DANELLJAN M, TOSTEBERG P, et al. Deep projective 3D semantic segmentation[C]//Computer Analysis of Images and Patterns: 17th International Conference, CAIP 2017, Ystad, Sweden, August 22-24, 2017, Proceedings, Part I 17. Springer International Publishing, 2017:95-107.

[30] HUANG J, YAN W, LI T, et al. Learning the global descriptor for 3D object recognition based on multiple views decomposition[J]. IEEE Transactions on Multimedia, 2020,24:188-201.

[31] TCHAPMI L, CHOY C, ARMENI I, et al. Segcloud: Semantic segmentation of 3d point clouds[C]//2017 international conference on 3D vision (3DV). IEEE, 2017: 537-547.

[32] WU Z, SONG S, KHOSLA A, et al. 3D shapenets: A deep representation for volumetric shapes[C]//Proceedings of the IEEE conference on computer vision and pattern recognition. 2015:1912-1920.

[33] MENG H Y, GAO L, LAI Y K, et al. Vv-net: Voxel vae net with group convolutions for point cloud segmentation[C]//Proceedings of the IEEE/CVF international conference on computer vision. 2019: 8500-8508.

[34] QI C R, SU H, MO K, et al. Pointnet: Deep learning on point sets for 3D classification and segmentation[C]//Proceedings of the IEEE conference on computer vision and pattern recognition. 2017:652-660.

[35] LI Y, BU R, SUN M, et al. Pointcnn: Convolution on x-transformed points[J]. Advances in neural information processing systems, 2018,31.

[36] YE X, LI J, HUANG H, et al. 3D recurrent neural networks with context fusion for point cloud semantic segmentation[C]//Proceedings of the European conference on computer vision (ECCV). 2018:403-417.

[37] WANG L, HUANG Y, HOU Y, et al. Graph attention convolution for point cloud semantic segmentation

[C]//Proceedings of the IEEE/CVF conference on computer vision and pattern recognition. 2019: 10296-10305.

[38] WANG Y, TIAN X, CHEVALLIER F, et al. Constraining China's land carbon sink from emerging satellite CO_2 observations: Progress and challenges[J]. Global Change Biology, 2022, 28(23):6838-6846.

[39] PIAO S, HE Y, WANG X, et al. Estimation of China's terrestrial ecosystem carbon sink: Methods, progress and prospects[J]. Science China Earth Sciences, 2022, 65(4):641-651.

[40] 武曙红，张小全，李俊清. CDM 林业碳汇项目的泄漏问题分析[J]. 林业科学，2006，42(2): 98-104.

[41] 王晋年，夏慧，王大康，等. 基于国产高分卫星的森林碳汇估算技术研究进展[J]. 广州大学学报(自然科学版)，2023，22(5):1-9.

[42] 刘玉兴. 推进林业碳汇交易发展的思考[J]. 绿色财会，2016 (4):3-7.

[43] 朱建华,田宇,李奇,等. 中国森林生态系统碳汇现状与潜力[J]. 生态学报,2023,43(9):3442-3457.

[44] 殷鸣放，杨琳，殷炜达，等. 森林固碳领域的研究方法及最新进展[J]. 浙江林业科技，2010,30(6):78-86.

[45] FANG J, CHEN A, PENG C, et al. Changes in forest biomass carbon storage in China between 1949 and 1998[J]. Science, 2001, 292(5525): 2320-2322.

[46] PAN Y, BIRDSEY R A, FANG J, et al. A large and persistent carbon sink in the world's forests[J]. science, 2011, 333(6045):988-993.

[47] PIAO S, FANG J, CIAIS P, et al. The carbon balance of terrestrial ecosystems in China[J]. Nature, 2009, 458(7241):1009-1013.

[48] 汪涛，朴世龙. 青藏高原陆地生态系统碳汇估算：进展、挑战与展望[J]. 第四纪研究，2023，43(2):313-323.

[49] 令狐大智，罗溪，朱帮助. 森林碳汇测算及固碳影响因素研究进展[J]. 广西大学学报（哲学社会科学版），2022,44(3):142-155.

[50] 黄从红，张志永，张文娟，等. 国外森林地上部分碳汇遥感监测方法综述[J]. 世界林业研究，2012，25(6):20-26.

[51] 庞勇,李增元,余涛,等. 森林碳储量遥感卫星现状及趋势[J]. 航天返回与遥感,2022,43(6):1-15.

[52] 任怡，王海宾，许等平. 基于 Landsat 8 影像的乔木林地上生物量估算[J]. 林业资源管理，2018，6:38-44.

[53] 袁媛. 基于珠海一号高光谱影像的大同煤田区碳汇变化[J]. 测绘通报 2023(12):127-131.

[54] LAURIN V, VALENTINI R. Above ground biomass estimation in an African tropical forest with lidar and hyperspectral data[J]. ISPRS JOURNAL OF PHOTOGRAMMETRY AND REMOTE SENSING,2014, 89:49-58.

[55] CHANG Z, FAN L, WIGNERON J P, et al. Estimating Aboveground Carbon Dynamic of China Using Optical and Microwave Remote-Sensing Datasets from 2013 to 2019[J]. Journal of Remote Sensing, 2023,3:0005.

[56] MUSTHAFA M, SINGH G. Improving Forest Above-Ground Biomass Retrieval Using Multi-Sensor L-and C-Band SAR Data and Multi-Temporal Spaceborne LiDAR Data[J]. Frontiers in Forests and Global Change, 2022,5:822704.

[57] 米湘成，余建平，王宁宁，等. 基于激光雷达技术估算钱江源国家公园森林的地上生物量[J]. 北

京林业大学学报, 2022, 44(10):77-84.

[58] JUCKER T, CASPERSEN J, CHAVE J, et al. Allometric equations for integrating remote sensing imagery into forest monitoring programmes[J]. Global change biology, 2017, 23(1): 177-190.

[59] SONG H, XI L, SHU Q, et al. Estimate forest aboveground biomass of mountain by ICESat-2/ATLAS data interacting cokriging[J]. Forests, 2022, 14(1): 13.

[60] 郭庆华, 刘瑾, 陶胜利, 等. 激光雷达在森林生态系统监测模拟中的应用现状与展望[J]. 科学通报, 2014 (6): 459-478.

[61] SILVA C A, DUNCANSON L, HANCOCK S, et al. Fusing simulated GEDI, ICESat-2 and NISAR data for regional aboveground biomass maping[J]. Remote Sensing of Environment, 2021, 253: 112234.

[62] Guerra-Hernández J, Narine L L, Pascual A, et al. Aboveground biomass maping by integrating ICESat-2,SENTINEL-1, SENTINEL-2, ALOS2/PALSAR2, and topographic information in Mediterranean forests[J]. GIScience & Remote Sensing, 2022,59(1):1509-1533.

[63] HYDE P, DUBAYAH R, WALKER W, et al. Maping forest structure for wildlife habitat analysis using multi-sensor (LiDAR, SAR/InSAR, ETM+, Quickbird) synergy[J]. Remote Sensing of Environment, 2006, 102(1-2):63-73.

[64] 王思恒, 黄长平, 张立福, 等. 陆地生态系统碳监测卫星远红波段叶绿素荧光反演算法设计[J]. 遥感技术与应用, 2019, 34(3):476-487.

[65] 吴春花,李维军,卢响军. 卫星遥感碳监测技术研究进展[J]. 当代化工研究,2023(19):15-17.

[66] 张颖, 李晓格, 温亚利. 碳达峰碳中和背景下中国森林碳汇潜力分析研究[J]. 北京林业大学学报, 2022, 44(1): 38-47.

[67] 白玫. 电力工业 70 年,全国清洁电力增长数千倍[J]. 企业观察,2019(10):50-53.

[68] DELCOURT H R, HARRIS W F. Carbon budget of the southeastern U. S. biota: Analysis of historical change n trend from source to sink[J]. Science 1980,210(4467): 321-323.

[69] MO L, ZOHNER C M, REICH P B, et al. Integrated global assessment of the natural forest carbon potential[J]. Nature, 2023, 624(7990): 92-101.

[70] 付玉杰,田地,侯正阳,等. 全球森林碳汇功能评估研究进展[J]. 北京林业大学学报,2022,44(10): 1-10.

[71] 何勇, 董文杰, 郭晓寅, 等. 1971—2000 年中国陆地植被净初级生产力的模拟[J]. 冰川冻土, 2007(2):226-232.

[72] 石志华. 基于 CASA 与 GSMSR 模型的陕西省植被碳汇时空模拟及影响因素研究[D]. 杨凌:西北农林科技大学,2015.

[73] 王力,赵思妍,陈元鹏,等. 基于 GEE 云平台的黄土高原生态修复区植被变化与归因[J]. 农业机械学报, 2023,54(3):210-223.

[74] ZHANG L, SUN P, HUETTMANN F, et al. Where should China practice forestry in a warming world?[J]. Global Change Biology, 2022, 28(7): 2461-2475.

[75] 万华伟, 李灏欣, 高吉喜, 等. 我国植被生态系统固碳能力提升潜力空间格局研究[J]. 生态学报, 2022, 42(21): 8568-8580.

[76] 曾华荣,杨旗,马晓红,等. 输电线路树障隐患预放电特征模拟试验研究[J]. 电气技术,2020,21(8):93-97.

[77] QAYYUM A, MALIK A S, SAAD M N M, et al. Power LinesVegetation enchroachment monitoring based on Satellite Stereo images using stereo matching[C]//2014 IEEE International Conference on Smart Instrumentation,Measurement and Applications (ICSIMA). IEEE, 2014:1-5.

[78] XU B, GUO Z D, PIAO S L, et al. Biomass carbon stocks in China's forests between 2000 and 2050:A prediction based on forest biomass-age relationships[J]. Science China Life Sciences, 2010, 53:776-783.
[79] QIU Z, FENG Z, SONG Y, et al. Carbon sequestration potential of forest vegetation in China from 2003 to 2050: Predicting forest vegetation growth based on climate and the environment[J]. Journal of Cleaner Production, 2020, 252: 119715.
[80] HE N, WEN D, ZHU J, et al. Vegetation carbon sequestration in Chinese forests from 2010 to 2050[J]. Global change biology, 2017, 23(4): 1575-1584.
[81] TIAN H, ZHU J, HE X, et al. Using machine learning algorithms to estimate stand volume growth of Larix and Quercus forests based on national-scale Forest Inventory data in China[J]. Forest Ecosystems, 2022, 9: 100037.
[82] YAO Y, PIAO S, WANG T. Future biomass carbon sequestration capacity of Chinese forests[J]. Science Bulletin, 2018, 63(17): 1108-1117.
[83] 许志浩,周利,吕伟,等.基于无人机激光点云的电力线路树障隐患预测技术分析[J].工程建设与设计,2024(1):159-161.
[84] 徐真,者梅林,孙斌.基于三维成像激光雷达技术的输电线路树障预测模型[J].电子设计工程,2021,29(22):55-58,63.
[85] 马海腾.输电线路树障缺陷动态管理的分析与应用[D].广州:广东工业大学,2019.
[86] 张雷,张春勇,陈彦廷,等.某特大型城市输电网直升机巡视工作多维分析[J].东北电力技术,2021,42(6):19-22,37.
[87] 沈明松,曾绍攀,廖振陆.输电线路通道树障生长风险预判系统[J].自动化技术与应用,2022,41(4):99-103.
[88] 斯建东, 汤义勤, 赵文浩. 基于改进 FPN 与 SVM 的树障检测方法[J]. 浙江电力,2023, 42(9): 124-132.
[89] 朱笑笑, 王成, 习晓环, 等. ICESat-2 星载光子计数激光雷达数据处理与应用研究进展[J]. 红外与激光工程, 2020, 49(11):76-85.
[90] MARKUS T, NEUMANN T, MARTINO A, et al. The Ice, Cloud, and land Elevation Satellite-2 (ICESat-2):science requirements, concept, and implementation[J]. Remote sensing of environment, 2017, 190:260-273.
[91] NEUMANN T A, MARTINO A J, MARKUS T, et al. The Ice, Cloud, and Land Elevation Satellite-2 Mission: A global geolocated photon product derived from the advanced topographic laser altimeter system[J]. Remote sensing of environment, 2019, 233:111325.
[92] 徐越. 东西南极冰流速与质量变化的对比研究[D]. 淮南:安徽理工大学, 2020.
[93] NEUMANN T A, BRENNER A, HANCOCK D, et al. ATLAS/ICESAT-2 L2A global geolocated photon data, version 3[J]. Boulder, Colorado USA. NASA National Snow and Ice Data Center Distributed Active Archive Center. 2021.
[94] 张国平.星载光子计数 LiDAR 数据处理的关键技术研究[D].郑州:中国人民解放军战略支援部队信息工程大学,2022.
[95] NEUENSCHWANDER A, PITTS K. The ATL08 land and vegetation product for the ICESat-2 Mission[J]. Remote sensing of environment, 2019, 221:247-259.
[96] MOUSSAVI M S, ABDALATI W, SCAMBOS T, et al. Applicability of an automatic surface detection approach to micro-pulse photon-counting lidar altimetry data: Implications for canopy height retrieval from future ICESat-2 data[J]. International Journal of remote sensing, 2014, 35(13):5263-5279.

[97] MCGILL M, MARKUS T, SCOTT V S, et al. The multiple altimeter beam experimental lidar (MABEL): An airborne simulator for the ICESat-2 mission[J]. Journal of Atmospheric and Oceanic Technology, 2013, 30(2): 345-352.

[98] NIE S, WANG C, XI X, et al. Estimating the vegetation canopyheight using micro-pulse photon-counting LiDAR data [J]. Optics Express, 2018, 26(10): A520-A540.

[99] 吴春峰, 陆怀民, 郭秀荣, 等. 三维激光扫描系统在测树中的应用[J]. 林业机械与木工设备, 2008 (12):48-49.

[100] BHANG K J, SCHWARTZ F W, BRAUN A. Verification of the vertical error in C-band SRTM DEM using ICESat and Landsat-7, Otter Tail County, MN[J]. IEEE Transactions on Geoscience and Remote Sensing, 2007, 45(1):36-44.

[101] 袁鸷慧, 聂胜, 张合兵, 等. GEDI 地面高程和森林冠层高度的精度评价与影响分析[J]. 遥感技术与应用, 2022, 37(5): 1056-1070.

[102] 刘良云, 张肖. 2020 年全球 30 米地表覆盖精细分类产品 V1.0[EB/OL]. 北京:中国科学院空天信息创新研究院. [2021-08-23].

[103] 谢栋平, 李国元, 王建敏, 等. 新型激光测高卫星 ICESat-2 在地学中的应用前景综述[J]. 测绘与空间地理信息, 2020, 43(12):38-42.

[104] 刘翔, 张立华, 戴泽源, 等. 一种无输入参数的强噪声背景下 ICESat-2 点云去噪方法[J]. 光子学报, 2022, 51(11):346-356.

[105] FRIGGE M, HOAGLIN D C, IGLEWICZ B. Some implementations of the boxplot[J]. The American Statistician 1989, 43(1):50-54.

[106] NAE E. Predicting forest stand characteristics with airborne scanning laser using a practical two-stage procedure and field data[J]. Remote Sensing of Environment, 2002, 80(1):88-99.

[107] 杨学博, 王成, 习晓环, 等. 大光斑 LiDAR 全波形数据小波变换的高斯递进分解[J]. 红外与毫米波学报, 2017, 36(6):749-755.

[108] 张志杰. GF-7 激光测高系统全波形数据处理方法研究[D]. 焦作:河南理工大学, 2020.

[109] 吴俊, 汪源源, 陈悦, 等. 基于同质区域自动选取的各向异性扩散超声图像去噪[J]. 光学精密工程, 2014, 22(5): 1312-1321.

[110] 李辉. 基于三维激光点云的爆堆块度分析[D]. 赣州: 江西理工大学, 2020.

[111] 张春明. 基于机载 LiDAR 的城区地物单体提取和三维建模[D]. 哈尔滨:哈尔滨工程大学, 2022.

[112] 张海清. 基于无人机 LiDAR 的单木分割及树高估测方法研究[D]. 昆明:昆明理工大学, 2021.

[113] 王濮. 基于机载 LiDAR 的森林单木识别研究[D]. 哈尔滨: 东北林业大学, 2018.

[114] 卢军, 刘宪钊, 孟维亮, 等. 基于地面激光点云数据的单木三维重建方法[J]. 南京林业大学学报(自然科学版), 2021, 45(6):193-199.

[115] 刘群. 基于小光斑机载 LiDAR 数据的单木三维分割[D]. 北京:北京林业大学, 2016.

[116] DIJKSTRA E W. A Note on Two Problems in Connexion with Graphs[J]. Numerische Mathematik, 1959, 1: 269-271.

[117] 李红军. 三维模型处理和植物场景真实感绘制[D]. 北京:中国科学院大学, 2011.

[118] PUESCHEL P. The influence of scanner parameters on the extraction of tree metrics from FARO Photon 120 terrestrial laser scans[J]. ISPRS journal of photogrammetry and remote sensing, 2013, 78: 58-68.

[119] 牛利伟. 基于无人机倾斜摄影测量的行道树特征提取与分类研究[D]. 北京:北京林业大学, 2020.

[120] 徐进荣. 基于粒子群算法和支持向量机的发酵过程建模与优化研究[D]. 无锡:江南大学, 2008.

[121] 丁蕾,朱德权,陶亮.支持向量机在物理实验中的应用[J].安庆师范学院学报(自然科学版),2005(2):64-66,88.

[122] 张颖,李晓格.碳达峰碳中和目标下北京市森林碳汇潜力分析[J].资源与产业,2022,24(1):15-25.

[123] 蓝乐淘,康志忠.基于激光点云的森林树木结构参数提取[J].测绘与空间地理信息,2023,46(1):165-168.

[124] 罗洪斌,舒清态,王强,等.多源遥感数据协同的景洪橡胶林叶面积指数光饱和特征研究[J].西南林业大学学报(自然科学),2019,39(6):123-129.

[125] 国家能源局.电力建设安全工作规程 第2部分:电力线路:DL 5009.2—2013[S].北京:中国电力出版社,2014.